ソリトンの数理

ソリトンの数理

三輪哲二
神保道夫　著
伊達悦朗

岩波書店

まえがき

波動や振動は，言うまでもなく運動のもっとも基本的な形態であり，古くから研究されてきている．波の振幅が小さいとき，これらは数学的には線形の微分方程式によって記述され，その振舞を詳しく調べることができる．これに対し振幅が必ずしも小さくなければ，微分方程式は非線形となり，その解析は一般には大変難しい問題になってくる．

非線形波動の一例として，浅い水面を伝わる波のモデル

$$\frac{\partial u}{\partial t}+6u\frac{\partial u}{\partial x}+\frac{\partial^3 u}{\partial x^3}=0 \tag{0.0}$$

が知られている．これは前世紀末に物理学者 Korteweg と de Vries が提出したもので，今日 KdV 方程式と呼ばれる．いまとくに進行波の形 $u(x,t)=f(x-ct)$ を仮定すると (0.0) は求積でき，遠方 $x\to\pm\infty$ で十分速く $u(x,t)\to 0$ という境界条件のもとに厳密解

$$u_1(x,t)=\frac{c}{2}\mathrm{sech}^2\left(\frac{\sqrt{c}}{2}(x-ct+\delta)\right) \tag{0.1}$$

が得られる (δ は積分定数)．これは空間の小部分に局在したパルス状の孤立波の進行を表している．実はこの解にとどまらず，(0.0) には無限系列の厳密解 $u_2(x,t)$, $u_3(x,t)$, $\cdots$ があることがわかっている．

これら $u_N(x,t)$ は $2N$ 個の任意パラメタ c_i, δ_i を含み，十分過去 $t\ll 0$ および未来 $t\gg 0$ においてあたかも孤立波 (0.1) が独立に重ねあわされたように振舞う．孤立波は有限時刻では追突したり正面衝突したりするのだが，衝突後は (位相のずれを除いて) 再び自己の独自性を回復し，壊れることなく伝わって行くのである．このようにいわば粒子的にふるまう特異な波動をソリトンと呼び，N 個のソリトンを表す解 $u_N(x,t)$ を N ソリトン解という．

微分方程式が線形であるときは，特殊解 u_i $(i=1,\cdots,N)$ が知られていれば，

その線形結合 $\sum_{i=1}^{N} c_i u_i$ によって任意定数を含む解を作ることができる(重ね合わせの原理). KdV 方程式は非線形なので重ね合わせの原理が成り立たない. それにもかかわらずいくらでも多くのパラメタを含む厳密解が存在することは際立って異例な現象であり, KdV 方程式が非線形微分方程式一般のなかで特別の位置を占めることを示唆している.

古典力学において完全積分可能系(あるいは単に可積分系)という概念がある. 自由度 f を持つ力学系

$$\frac{\mathrm{d}q_i}{\mathrm{d}t} = \frac{\partial H}{\partial p_i}, \quad \frac{\mathrm{d}p_i}{\mathrm{d}t} = -\frac{\partial H}{\partial q_i} \qquad i = 1, \cdots, f \tag{0.2}$$

において, f 個の独立な第一積分 $F_1(q,p) = H(q,p)$, $\cdots$, $F_f(q,p)$ が存在するとき, (0.2) は完全積分可能といわれる. このとき $F_i(q,p) = C_i$ (C_i は任意定数, $i = 1, \cdots, f$) を解けば, (0.2) の一般解を得ることができる. 実は KdV 方程式は上の意味で自由度無限大の可積分系として解釈できることが知られている. ソリトン解など無限個の厳密解の存在は完全積分可能性の反映なのである.

KdV 方程式のこのような著しい性質は, 発見当初は孤立した特殊事情と見られたこともあったが, 1960 年代後半にはじまる研究の急速な進展によってその普遍性が次第に明らかになった. 可積分な非線形微分(ないし差分)方程式の実例も現在おびただしい数が知られている. これらは一般にソリトン方程式とも呼ばれる. 戸田盛和氏の発見された戸田格子はその代表例の一つである. それらを厳密に解く手法も, 初期値問題の解法を与える逆散乱理論, 広田良吾氏の独創になる双線形法, Riemann 面とテータ函数に基づく準周期解の理論などが開発されている. 同時にそれは埋もれていた古典的結果:テータ函数の古典力学への応用, 曲面の微分幾何における非線形微分方程式, 微分作用素環の可換部分環の研究などなど, を新たな視点で見直す過程でもあった. 事実 KdV 方程式の拡張である KP 方程式 (Kadomtsev- Petviashvili 方程式) や戸田方程式, 広田微分などは別の形ですでに存在していたともいえる. 可積分系はこれら散在した諸結果に統一的な見方を与える一つのパラダイムとして確立された.

これら多くの系の可積分性は何に由来するのだろうか. 一言で言えば, それは系の背後に非常に高い対称性が隠れていることによる. 高い対称性は, 大きな変換群の作用と言い換えてもよい. この本では KdV 方程式と KP 方程式を素材として，これら可積分系の解の空間に働く無限次元の変換群の姿を紹介してみたい．佐藤幹夫氏はKP方程式の解全体が無限次元Grassmann多様体をなすことを見抜かれ，可積分系の代数的構造理論を確立された．この佐藤理論とそれに続く柏原正樹氏および著者らの研究のエッセンスを，あまり細部に立ち入らず考え方を中心にお伝えできればと思う．それが果たしてうまくいったかどうか，読者の審判を待つよりない．

予備知識としては微積分と線形代数，および初等的な複素解析 (留数解析程度) の知識があれば読めるように配慮したつもりである．

最後に，草稿を読んでいくつかの注意をして下さった杉本茂樹，鈴木武史，林正人の三氏に感謝します．

1992年12月

三　輪　哲　二
神　保　道　夫
伊　達　悦　朗

単行本化に際して

本書が「岩波講座 応用数学」の1冊として出版されてから15年近くが経過し，可積分系の理論にもこの間に新たな展開があった．とりわけ行列模型，超離散系，Painlevé方程式などにおける発展には著しいものがある．本書においてこれら最新の話題に触れるのは望むべくもないことであるが，それ以前に旧著を今見直してみると，必ずしも意を尽くしていない記述が散見される．紙数の制約ということもあるが，著者たちの力不足を痛感せざるを得ない．

今回の単行本化にあたっては最小限の訂正を行うに止めた．誤記・誤植を正した他，§10.1の記述を簡易化し，また巻末に注を挿入して本文の補遺とした．

2006年11月

三　輪　哲　二
神　保　道　夫
伊　達　悦　朗

目次

第1章 KdV方程式の対称性

KdV 方程式の対称性を非線形発展方程式による無限小変換の形式で探す．KdV 方程式自身非線形発展方程式であるが，これはまた線形方程式の両立条件としても得られる．「対称性」は数学，自然科学における最良の羅針盤である．この羅針盤を携えてソリトンの大海へいざ出帆．

§1.1　対称性と変換群

対称性とは何だろうか．例えば円の対称性を考えてみよう．円の持つ対称性は

(1)　中心のまわりの回転

(2)　ある直径に関する折り返し

であることは直観的にわかる．ではこの直観を数学的に正確にとらえるにはどうすればよいか．円とは 2 次元の座標 (x, y) を使って表わしたとき

$$x^2 + y^2 = r^2 \tag{1.1}$$

を満たすような点 (x, y) の全体である．回転は

$$\begin{pmatrix} x' \\ y' \end{pmatrix} = \begin{pmatrix} \cos\theta & -\sin\theta \\ \sin\theta & \cos\theta \end{pmatrix} \begin{pmatrix} x \\ y \end{pmatrix} \tag{1.2}$$

という 2 次元空間の線形変換であり，折り返しは

$$\begin{pmatrix} x' \\ y' \end{pmatrix} = \begin{pmatrix} \cos\theta & \sin\theta \\ \sin\theta & -\cos\theta \end{pmatrix} \begin{pmatrix} x \\ y \end{pmatrix} \tag{1.3}$$

という線形変換である．

線形変換

$$\begin{pmatrix} x' \\ y' \end{pmatrix} = \begin{pmatrix} a & b \\ c & d \end{pmatrix} \begin{pmatrix} x \\ y \end{pmatrix} \tag{1.4}$$

のうち，式 (1.1) を不変にするものが円の対称性を表わしている．すなわち (x, y) が (1.1) の解ならば (x', y') も (1.1) の解であるとき，(1.4) は (1.1) の**対称性**であるという．

変換 (1.2) を $T(\theta)$，変換 (1.3) を $S(\theta)$ と書こう．可逆な線形変換の全体は合成に関して群となる．すなわち，$T_1 = \begin{pmatrix} a_1 & b_1 \\ c_1 & d_1 \end{pmatrix}$ と $T_2 = \begin{pmatrix} a_2 & b_2 \\ c_2 & d_2 \end{pmatrix}$ を行列式が零でない線形変換としてその積 $T_1 \cdot T_2$ を行列の積 $\begin{pmatrix} a_1 & b_1 \\ c_1 & d_1 \end{pmatrix} \begin{pmatrix} a_2 & b_2 \\ c_2 & d_2 \end{pmatrix}$ で定義すれば群の公理 (「群と表現」(岩波講座 応用数学) を参照)

(1) 結合則 $(T_1 \cdot T_2) \cdot T_3 = T_1 \cdot (T_2 \cdot T_3)$

(2) 単位元 $id = \begin{pmatrix} 1 & 0 \\ 0 & 1 \end{pmatrix}$ の存在 $T \cdot id = id \cdot T = T$

(3) 逆元の存在 $T \cdot T^{-1} = T^{-1} \cdot T = id$

が成り立つ．特に円 (1.1) を不変にするものだけを考えても群となる．これを円の変換群という．$T(\theta) = T(\theta')$ (あるいは $S(\theta) = S(\theta')$) となるのは $\theta = \theta' + 2n\pi$ (n は整数) のときであり，積の規則は

$$\begin{aligned} T(\theta_1) \cdot T(\theta_2) &= T(\theta_1 + \theta_2) \\ T(\theta_1) \cdot S(\theta_2) &= S(\theta_2) \cdot T(-\theta_1) = S(\theta_1 + \theta_2) \\ S(\theta_1) \cdot S(\theta_2) &= T(\theta_1 - \theta_2) \end{aligned} \tag{1.5}$$

で与えられる．これによって円の対称性は，2次元空間の変換という実体をも離れて，群の積規則のみに抽象化され，純粋化されてしまう．

円の対称性のうち回転 $T(\theta)$ のみを考える．パラメタ θ の値が 0 のとき $T(0) = id$ となるので，

$$\begin{pmatrix} x(\theta) \\ y(\theta) \end{pmatrix} = \begin{pmatrix} \cos\theta & -\sin\theta \\ \sin\theta & \cos\theta \end{pmatrix} \begin{pmatrix} x \\ y \end{pmatrix} \tag{1.6}$$

という変換は，代数方程式 (1.1) の与えられた解 (x,y) がパラメタ θ と共に順次変化していくプロセスと見ることができる．θ について微分してみると

$$\frac{\mathrm{d}}{\mathrm{d}\theta}\begin{pmatrix} x(\theta) \\ y(\theta) \end{pmatrix} = \begin{pmatrix} 0 & -1 \\ 1 & 0 \end{pmatrix}\begin{pmatrix} x(\theta) \\ y(\theta) \end{pmatrix} \tag{1.7}$$

を得る．これと初期条件

$$\begin{pmatrix} x(0) \\ y(0) \end{pmatrix} = \begin{pmatrix} x \\ y \end{pmatrix} \tag{1.8}$$

を合わせれば変換 (1.6) は決まってしまう．行列 $\begin{pmatrix} 0 & -1 \\ 1 & 0 \end{pmatrix}$ は円の回転対称性を言いきっている．これは次に述べる意味で無限小変換の生成作用素と呼ばれる．

$$T(\theta) = \mathrm{e}^{\theta\begin{pmatrix} 0 & -1 \\ 1 & 0 \end{pmatrix}}$$

という関係が成り立つ．θ を小さなパラメタとして展開すると

$$T(\theta) = 1 + \theta\begin{pmatrix} 0 & -1 \\ 1 & 0 \end{pmatrix} + O(\theta^2) \tag{1.9}$$

となる．一般に 1 変数のパラメタ θ に依存する変換 ($R(\theta)$ と書こう) が $R(\theta_1 + \theta_2) = R(\theta_1)R(\theta_2)$ を満たすならば，$R(\theta) = 1+\theta X+O(\theta^2)$ とすると，$R(\theta) = \mathrm{e}^{\theta X}$ になる．このとき X を $R(\theta)$ (というパラメタ付き変換) に対する無限小変換の**生成作用素**という (本節の最後の Lie 環の説明を参照)．$R(\theta)$ が作用する相手を f と書くことにすれば，無限小変換は

$$\frac{\mathrm{d}f}{\mathrm{d}\theta} = Xf \tag{1.10}$$

と書くこともできる．

われわれにとって最も興味があるのは函数に対する (無限小) 変換である．例えば r を (x,y) と無関係な定数として 2 変数函数 $f(x,y)$ に対する微分方程式

$$\left(\frac{\partial^2}{\partial x^2} + \frac{\partial^2}{\partial y^2} - r^2\right) f(x,y) = 0 \tag{1.11}$$

を考えよう．代数方程式 (1.1) においては解 (x,y) を 2 次元空間で探していたのに対し，(1.11) では 解 $f(x,y)$ は 2 変数函数全体のなす無限次元の線形空間

に属する．さて函数 f の変数 (x,y) の属する2次元空間における回転は，次のように函数の変換 $(f \mapsto T(\theta)f)$ を引き起こす．

$$\Big(T(\theta)f\Big)(x,y) = f\Big(x(-\theta), y(-\theta)\Big)$$

あるいは $f(x,y;\theta) = \Big(T(\theta)f\Big)(x,y)$ に対して無限小変換の形に書けば，

$$\frac{\partial}{\partial\theta} f(x,y;\theta) = \left(x\frac{\partial}{\partial y} - y\frac{\partial}{\partial x}\right) f(x,y;\theta)$$

となる．すなわち $x\dfrac{\partial}{\partial y} - y\dfrac{\partial}{\partial x}$ が無限小変換の生成作用素である．方程式 (1.11) は回転対称である．すなわち f が (1.11) の解ならば $T(\theta)f$ も (1.11) の解となる．方程式 (1.11) はこれ以外にも平行移動に対しても不変である．無限小変換を使って平行移動を表わすと

$$f(x+a, y+b) = \mathrm{e}^{a\frac{\partial}{\partial x} + b\frac{\partial}{\partial y}} f(x,y)$$

となるが，これは Taylor 展開に他ならない．(この式は後でよく使うので注意しておく．さらに演習問題 1.1 を見よ.)

ここで後の章のため Lie 環についても簡単にふれておきたい．線形作用素 X, Y を無限小変換とする変換 e^X, e^Y の積を考えよう．以下記法として**交換子積**

$$[A,B] = AB - BA$$

を使う．計算すると

$$\mathrm{e}^X \mathrm{e}^Y = \mathrm{e}^{X+Y+\frac{1}{2}[X,Y]+\frac{1}{12}[X-Y,[X,Y]]+\cdots}$$

となる．右辺の指数部の $\cdots$ の部分は X と Y についての高次であるが，それらはすべて (積は使わずに) 交換子積 $[\ ,\ ]$ だけを使って書けることが知られている．もし $[X,Y]=0$ すなわち X と Y が可換であれば $\mathrm{e}^X\mathrm{e}^Y = \mathrm{e}^{X+Y}$ となって2つの変換の合成 $\mathrm{e}^X\mathrm{e}^Y$ と $X+Y$ に対応する変換とは一致する．一般には両者は一致しないが，生成作用素の交換子積を知ることによって両者の違いが計算される．線形空間 $\mathfrak{g}$ の任意の2元 X, Y に対して $[X,Y] \in \mathfrak{g}$ を対応させる規則が与えられていて

(1) $[X,Y] = -[Y,X]$

(2) $\Big[[X,Y],Z\Big] + \Big[[Y,Z],X\Big] + \Big[[Z,X],Y\Big] = 0$ (1.12)

(3) $[\alpha X + \beta Y, Z] = \alpha[X,Z] + \beta[Y,Z]$

を満たすとき $\mathfrak{g}$ を **Lie 環**という．(ここで α, β と書いたのは線形空間 $\mathfrak{g}$ におけるスカラー倍である.) 収束を無視して考えれば，$\mathfrak{g}$ が Lie 環のとき

$$G = \{e^X; X \in \mathfrak{g}\}$$

は群になる．先走った言い方になるがソリトン理論のように，無限次元の対称性を扱う場合，変換群 G を扱うことは困難であっても，Lie 環 $\mathfrak{g}$ はそれに比べると取り扱いが簡単になっている場合が多い．

§1.2 KdV 方程式の対称性

回転が

2 次元空間では　$\begin{pmatrix} 0 & -1 \\ 1 & 0 \end{pmatrix}$

無限次元空間では　$x\dfrac{\partial}{\partial y} - y\dfrac{\partial}{\partial x}$

という線形の無限小変換から生成されることを説明した．非線形の無限小変換を考えることもできる．2 変数函数 $u(x,t)$ に対して

$$\frac{\partial u}{\partial t} = u\frac{\partial u}{\partial x} + \frac{\partial^3 u}{\partial x^3} \tag{1.13}$$

という微分方程式を考えよう．これはこの章のテーマである KdV 方程式に他ならない．(ここで $u\dfrac{\partial u}{\partial x}$ と $\dfrac{\partial^3 u}{\partial x^3}$ の係数を 1 にしているが，t, x, u を定数倍変化させることによってこの係数は 0 でない勝手な値に変えることができる．それらもすべて KdV 方程式と呼ぶ.) この式は時間 t についての微小変化を，x の函数としての u に対する作用素 K

$$K(u) = u\frac{\partial u}{\partial x} + \frac{\partial^3 u}{\partial x^3} \tag{1.14}$$

によって記述している．一般に $\partial u/\partial t = K(u)$ の形の方程式を**発展方程式**という．$K(u)$ が u について線形か非線形かに応じて線形あるいは非線形の発展方程式という．$K(u)$ が線形のとき $u \mapsto K(u)$ は §1.1 で述べた無限小変換の生成作用素に他ならない．以下非線形の場合にもそう呼ぶことにする．われわれは非線形の場合も含めて発展方程式を函数の無限小変換を与えるものと理解し，KdV 方程式の対称性をその中で探していく．次のように問題を設定しよう．

KdV 方程式

$$\frac{\partial u}{\partial t} = K(u) \tag{1.15}$$

は

$$\frac{\partial u}{\partial s} = \widehat{K}(u) \tag{1.16}$$

の形の対称性を持つか．

ここで (1.16) を (1.15) の対称性と呼ぶのは次のような意味である．3 変数の函数 $u(x,t,s)$ を考える．以下簡単のため (高階) 微分を $\frac{\partial u}{\partial t} = u_t$, $\frac{\partial^3 u}{\partial x^3} = u_{xxx} = u_{3x}$ のように表わすことにする．u とその x に関する導函数 ($u_x, u_{xx}, u_{3x}, \cdots$ など) の多項式を u の (x に関する) **微分多項式**と呼ぶ．例えば (1.14) は u の微分多項式である．$\widehat{K}(u)$ を u のある微分多項式としよう．(1.16) を s を時間と考えての非線形発展方程式とみなし，初期値 $u(x,t,s=0)$ を与えて解いたとする．言い換えれば $s=0$ における 2 変数函数 $u(x,t,s=0)$ から (1.16) を解いて時刻 Δs における函数 $u(x,t,s=\Delta s)$ を得るのである．(1.16) が KdV 方程式の対称性を与えるとは，時刻 $s=0$ で $u(x,t,s=0)$ が (1.15) の解ならば，任意の時刻 s における $u(x,t,s)$ も (1.15) の解になることに他ならない．

t と s の役割を同じに扱って次のように問題を言い換える．t, s それぞれが独立な時間だとして，$t=0$ かつ $s=0$ で x の函数 $u(x,t=0,s=0)$ が与えられたとき，時刻 $(\Delta t, \Delta s)$ における函数 $u(x,\Delta t,\Delta s)$ は下図のように 2 通りの方法で求められる．

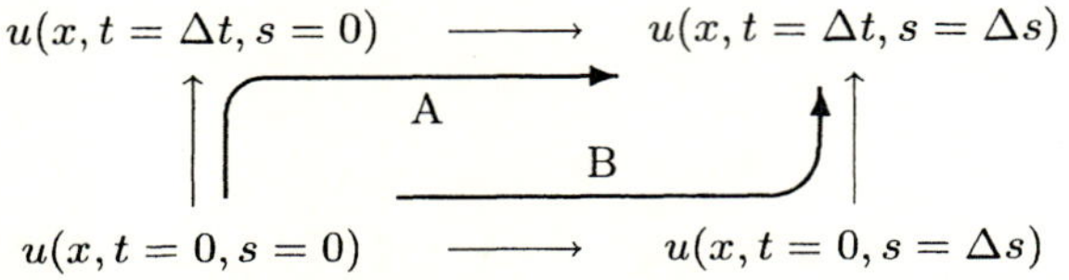

$$\begin{array}{ccc} u(x,t=\Delta t,s=0) & \longrightarrow & u(x,t=\Delta t,s=\Delta s) \\ \uparrow & \text{A} \quad \text{B} & \uparrow \\ u(x,t=0,s=0) & \longrightarrow & u(x,t=0,s=\Delta s) \end{array} \tag{1.17}$$

上向きの矢印は (1.15) を解くプロセスを表わし，右向きの矢印は (1.16) を解くプロセスを表わす．ここで A を上向き，横向きの矢印で表わされるプロセス，B を横向き，上向きの矢印で表わされるプロセスとする．もし A と B が同じ結果を与えるならば，(1.16) が (1.15) の対称性を与えることは明らかである．(1.17) において Δt, Δs を小さくした極限を考えると，もし $\mathrm{A}=\mathrm{B}$ であれば

$$\frac{\partial}{\partial s}K(u) = \frac{\partial}{\partial t}\widehat{K}(u) \tag{1.18}$$

でなければならないことがわかる．

では $\widehat{K}(u)$ を勝手に与えて (1.18) は成り立つだろうか．例えば $\widehat{K}(u) = u^2$ としてみると

$$\begin{aligned} \text{左辺} &= (uu_x + u_{3x})_s = u^2u_x + u(u^2)_x + (u^2)_{3x} \\ &= 3u^2u_x + 6u_xu_{xx} + 2uu_{3x} \\ \text{右辺} &= (u^2)_t = 2u^2u_x + 2uu_{3x} \end{aligned}$$

となって $0 = u^2u_x + 6u_xu_{xx}$ という付加条件なしには (1.18) は成立しないことがわかる．$\widehat{K}(u)$ を勝手に選んだ場合 (1.15) と (1.16) は両立せず，(1.16) は (1.15) の対称性にはならないのだ．

(1.14) において u を 2 次，u_x を 3 次，u_{xx} は 4 次，というふうに次数を数えると右辺は斉次 5 次式となる．理由は省くが，以下の議論で対称性を探す際に無限小変換の生成作用素として用いる微分多項式は斉次のものに限っても一般性を失わない．斉次 7 次式の一般形は

$$C_1u^2u_x + C_2uu_{3x} + C_3u_xu_{xx} + C_4u_{5x} \tag{1.19}$$

である．少し計算をすると，(1.16) において $\widehat{K}(u)$ を (1.19) で与えたとき，(1.15) と (1.16) が両立するような係数 C_i が ($C_1 = 1$ として) 唯一求まる．すなわち

$$\frac{\partial u}{\partial s} = u^2u_x + 2uu_{3x} + 4u_xu_{xx} + \frac{6}{5}u_{5x} \tag{1.20}$$

注意　斉次 3 次 (あるいは 5 次) でもこのような微分多項式は存在するが，それは単に $u(x,t)$ において x (あるいは t) を $x+s$ (あるいは $t+s$) にずらすような平行移動の対称性に対応している．

根気よく計算を続けると奇数次の所にひとつずつ対称性があるらしいことがわかる．ではどうしたらすべての奇数次に対する議論ができるだろうか．(KdV 方程式以外の例としては演習問題 1.2 を見よ.)

§1.3 Lax 表示 (線形方程式からのアプローチ)

線形微分方程式

$$\begin{aligned} Pw &= k^2 w \\ P &= \frac{\partial^2}{\partial x^2} + u \end{aligned} \tag{1.21}$$

を考える．u は x の函数として与えられているものとして P を x の函数にはたらく作用素と考える．k^2 は P の**固有値**である．k を**スペクトル変数**という．$u \equiv 0$ ならば $w = \mathrm{e}^{kx}$ が解 (のひとつ) であるが，一般の場合も，

$$w = \mathrm{e}^{kx}\left(w_0 + \frac{w_1}{k} + \frac{w_2}{k^2} + \cdots\right) \tag{1.22}$$

の形の形式解を求めることができる．(ここで形式解とは，級数の収束を要求していないことを意味する.) (1.22) を (1.21) に代入すると

$$2\frac{\partial w_j}{\partial x} + \frac{\partial^2 w_{j-1}}{\partial x^2} + uw_{j-1} = 0 \quad (j \geqq 1), \qquad \frac{\partial w_0}{\partial x} = 0$$

を得る．$w_0 \equiv 1$ とし x について積分していけば順次 w_jが (積分定数の不定性を除き) 求まる．時間 t を導入し，w を線形作用素で時間発展させてみよう．(1.21) の P は 2 階の微分作用素だったので，こんどは 3 階の微分作用素で試してみる．

$$\begin{aligned} \frac{\partial w}{\partial t} &= Bw \\ B &= \frac{\partial^3}{\partial x^3} + b_1\frac{\partial}{\partial x} + b_2 \end{aligned} \tag{1.23}$$

これを解いて各 k ごとに x と t の 2 変数の函数 $w(x,t;k)$ を得る．時刻 $t=0$ では $w(x,t=0;k)$ は k に依らない u に対して (1.21) を満たしていた．一般の時刻 t においてもこれは正しいか．($u = u(x,t)$ は k に依存してはならない.) もし (1.21) が正しいとすると両辺を t 微分すると

$$\left(\frac{\partial P}{\partial t} + [P,B]\right) w = 0 \tag{1.24}$$

を得る．$\partial P/\partial t = \partial u/\partial t$ かつ $[P, B] = PB - BP$ (微分作用素 P と B の交換子積) である．(1.24) は x に関する微分のみを含んだ (k には依らない) 常微分方程式となる．固有値 k の任意の値に対して (1.24) が成立するとすれば，常微分方程式 (1.24) は無限個の独立な解を持つことになる．これは微分方程式が自明のときを除いて不可能である．よって

$$\frac{\partial P}{\partial t} + [P, B] = 0 \tag{1.25}$$

でなければならない．これを係数 u, b_1, b_2 に対する条件として書くと

$$\begin{aligned} b_1 &= \frac{3}{2}u \\ b_2 &= \frac{3}{4}u_x \\ \frac{\partial u}{\partial t} &= \frac{3}{2}uu_x + \frac{1}{4}u_{3x} \end{aligned} \tag{1.26}$$

となる．(ただし，u, b_1, b_2 とその x 微分は $x \to \pm\infty$ で 0 になるという条件のもとに解いた.) すなわち，$u(x, t)$ が KdV 方程式の解であるときに限って (1.21) と (1.23) は両立するのである．両立条件 (1.25) は KdV 方程式と同値な式で，KdV 方程式の **Lax 表示**と呼ばれる．

以上を図式的にまとめると次のようになる．

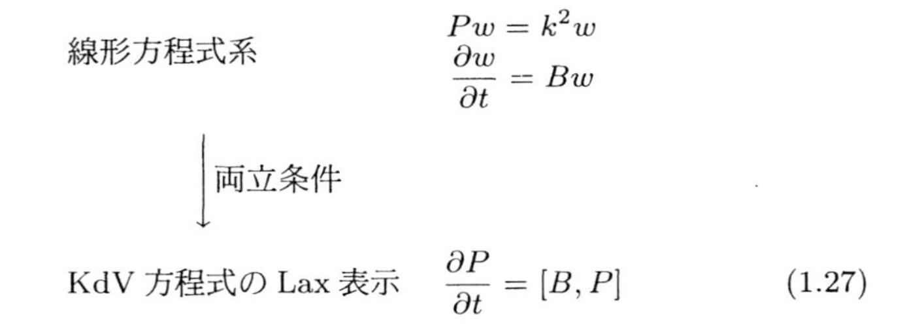

x についての 3 階の線形微分作用素 Bを，高階のものに取り換えてやると，高次の KdV 方程式と呼ばれる高階微分を含んだ非線形発展方程式が出てくる．このことをすっきりとした形で見るために次章で少し代数的な準備をする．(演習問題 1.3 を見よ.)

演習問題

1.1 函数 $f(x) = x$ から無限小変換 $x^2 \dfrac{\partial}{\partial x}$ で生成される函数は何か.

1.2 方程式

$$\frac{\partial u}{\partial t} = u^2 u_x + u_{xxx}$$

の対称性を探せ. (ヒント: 変換 $x \to -x$ で符号が変わるような微分多項式の中で探す.)

1.3 Lax 表示 (1.25) において (1.21) の P と (1.23) の B の役割を取り替えるとどんな方程式が得られるか.

第2章 KdV階層

数学の値打ちはそのとらわれない自由な発想にある．初めて虚数を学んだときの驚きを覚えているだろうか．この章では微分作用素$\dfrac{\partial}{\partial x}$の逆ベキを導入する．そしてそれが驚くべき威力を発揮して高階の KdV 方程式を紡ぎ出す有様を見る．

§2.1 擬微分作用素

作用素というものを考えるとき，普通は函数への作用を問題にするのであるが，ここでは作用素の合成規則を問題の中心にする．場合によっては作用は考えなくてもよいこととする．そうすることによって以下にみるように微分作用素の負ベキが定義できる．

簡単のため x 微分を∂と書くことにする．f を x の函数とすると，微分作用素 ∂^n と掛け算作用素 f の積 $\partial^n \circ f$ は，微分を右側に書き直してやると

$$\partial^n \circ f = \sum_{j \geqq 0} \binom{n}{j} (\partial^j f) \circ \partial^{n-j} \tag{2.1}$$

となる．ここで $\partial^j f$ は f を j 回微分した函数である (演習問題 2.1 を見よ). $\binom{n}{j}$ は 2 項係数であって

$$\binom{n}{j} = \frac{n(n-1)\cdots(n-j+1)}{j(j-1)\cdots 1} \tag{2.2}$$

である．われわれはむしろ$\binom{n}{j}$ を (2.2) で定義する．この定義は j が自然数で

あれば任意の n の値に対して有効である．n が正の整数ならば，$j \geqq n+1$ のとき，$\binom{n}{j}=0$ となるので (2.1) における j の和はすべての自然数だと思ってもかまわない．そこで (2.1) によって n の任意の値に対して作用素 ∂^n と掛け算作用素 f との積を定義する．もっと一般に

$$L = \sum_{j=0}^{\infty} f_j \partial^{\alpha-j} \tag{2.3}$$

という表式を考え，これを高々 α 階の (形式的) **擬微分作用素**と呼ぶ．(2.1) を使って，擬微分作用素の積が定義される (演習問題 2.2, 2.3 を見よ)．

例 2.1 Schrödinger 作用素 ∂^2+u の平方根を求めてみよう．

$$X = \partial + \sum_{n=1}^{\infty} f_n \partial^{-n} \tag{2.4}$$

として X^2 を計算すると

$$X^2 = \partial^2 + 2\sum_{n \geqq 1} f_n \partial^{1-n} + \sum_{n \geqq 1} (\partial f_n)\partial^{-n} + \sum_{\substack{m,n \geqq 1 \\ l \geqq 0}} \binom{-n}{l} f_n (\partial^l f_m) \partial^{-m-n-l}$$

$X^2=\partial^2+u$ とおくと，f_n が順に決まる．最初のいくつかを書くと

$$(\partial^2+u)^{1/2} = \partial + \frac{1}{2}u\partial^{-1} - \frac{1}{4}u_x\partial^{-2} + \left(\frac{u_{xx}}{8} - \frac{u^2}{8}\right)\partial^{-3} + \cdots \tag{2.5}$$

である． □

擬微分作用素 L の形式級数

$$w = k^{\beta} \mathrm{e}^{kx} \left(w_0 + \frac{w_1}{k} + \frac{w_2}{k^2} + \cdots\right) \tag{2.6}$$

への作用を定義しておく．$w_0 \equiv 1,\ w_1 \equiv w_2 \equiv \cdots \equiv 0$ のときは

$$L(k^{\beta}\mathrm{e}^{kx}) = k^{\alpha+\beta}\mathrm{e}^{kx} \sum_{n=0}^{\infty} f_n k^{-n}$$

とするのが自然である．(n が自然数ならば$\partial^n(\mathrm{e}^{kx}) = k^n \mathrm{e}^{kx}$ であることに注意.)

$$M = \sum_{j \geqq 0} w_j \partial^{\beta-j}$$

とおけば (2.6) の w は

$$w = M\mathrm{e}^{kx}$$

と書ける．したがって，$Lw = L(M\mathrm{e}^{kx}) = (L \circ M)(\mathrm{e}^{kx})$ によって L の w への作用が定義できる．以上の擬微分作用素についての議論が矛盾なく定義されていることは自明ではないが，ここでは立ち入った証明は省く．

§2.2 高次 KdV 方程式

M を整数階の擬微分作用素とする．

$$M = \sum_{l=0}^{\infty} g_l \partial^{n-l} \tag{2.7}$$

$M_\pm$ を次のように定義する．M_+ は微分作用素である．

$$M_+ = \sum_{l=0}^{n} g_l \partial^{n-l}, \quad M_- = M - M_+ \tag{2.8}$$

例 2.2 (2.4) と (2.5) を使って $(\partial^2 + u)^{3/2}$ を計算し (1.23), (1.26) と比べると

$$B = ((\partial^2 + u)^{3/2})_+ \tag{2.9}$$

が成立している． □

一般に l を正の奇数として

$$B_l = ((\partial^2 + u)^{l/2})_+ \tag{2.10}$$

に対応する Lax 表示 (1.25) を考えよう．$P = \partial^2 + u$ であった．$[P, P^{l/2}] = 0$ であり，したがって

$$[P, B_l] = -[P, (P^{l/2})_-] \tag{2.11}$$

となる．左辺は P も B_l も微分作用素であり，したがって $[P, B_l]$ は微分作用素である．右辺は P は 2 階の微分作用素，$(P^{l/2})_-$ はたかだか -1 階の擬微分作用素なので，$-[P, (P^{l/2})_-]$ の擬微分作用素としての階数はたかだか $2 + (-1) - 1 = 0$ となる (演習問題 2.4 を見よ)．したがって，(2.11) は 0 階の微分作用素，すなわち函数になってしまう．これは x についての微分多項式になる．$[P, (P^{l/2})_-]$ を $K_l(u)$ と書くことにする．一方，$\partial P/\partial t$ は $\partial u/\partial t$ に等しいので，Lax 表示 (1.25) は u に対する非線形発展方程式

$$\frac{\partial u}{\partial t} = K_l(u)$$

に同値である．(1.25) から (1.26) を導いたときは，$[P, B]$ における1階以上の項が消えるという条件から係数 b_1, b_2 を計算したが，(2.10) という取り方のおかげで，この条件は自動的に満たされているのである．

§2.3 無限個の可換な対称性

正の奇数 l に対して，x_l という変数を用意し

$$\frac{\partial u}{\partial x_l} = K_l(u) \quad (l = 1, 3, 5, \cdots) \tag{2.12}$$
$$K_l(u) = -[P, (P^{l/2})_+]$$

という方程式系を考えよう (演習問題 2.5 を見よ)．特に $l = 1, 3$ に対しては

$$\frac{\partial u}{\partial x_1} = u_x$$
$$\frac{\partial u}{\partial x_3} = \frac{3}{2} u u_x + \frac{1}{4} u_{3x}$$

である．すなわち $x_1 = x$, $x_3 = t$ である．これらすべては互いに両立することを示そう (演習問題 2.6 を見よ)．

$$\frac{\partial}{\partial x_l} K_j(u) = \frac{\partial}{\partial x_j} K_l(u) \tag{2.13}$$

を示したい．これから特に $j = 3$ とすると $K_l(u)$ が KdV 方程式の対称性を与えていることがわかる．(2.13) は一般の j, lに対し $K_j(u)$ の与える対称性と $K_l(u)$ の与える対称性が可換であることを主張している．(x_j方向の時間発展と x_l 方向の時間発展が (1.17) と同じ意味で順序によらない．)

[証明]

$$\frac{\partial P}{\partial x_l} = -\left[P, \left(P^{l/2}\right)_+\right]$$

である．これから，P の任意の函数 $f(P)$ に対して

$$\frac{\partial f(P)}{\partial x_l} = -\left[f(P), \left(P^{l/2}\right)_+\right]$$

となる．したがって

$$\frac{\partial}{\partial x_l}\left(P^{j/2}\right)_+ = \left(\frac{\partial}{\partial x_l}P^{j/2}\right)_+ = -\left(\left[P^{j/2}, \left(P^{l/2}\right)_+\right]\right)_+$$

であり，

$$\begin{aligned}\frac{\partial}{\partial x_l}K_j(u) &= -\frac{\partial}{\partial x_l}\left(\left[P, \left(P^{j/2}\right)_+\right]\right) \\ &= \left[\left[P, \left(P^{l/2}\right)_+\right], \left(P^{j/2}\right)_+\right] + \left[P, \left(\left[P^{j/2}, \left(P^{l/2}\right)_+\right]\right)_+\right]\end{aligned} \tag{2.14}$$

となる．

$$\begin{aligned}\left(\left[P^{j/2}, \left(P^{l/2}\right)_+\right]\right)_+ &= \left[\left(P^{j/2}\right)_+, \left(P^{l/2}\right)_+\right] + \left(\left[\left(P^{j/2}\right)_-, \left(P^{l/2}\right)_+\right]\right)_+ \\ &= \left[\left(P^{j/2}\right)_+, \left(P^{l/2}\right)_+\right] - \left(\left[\left(P^{j/2}\right)_+, P^{l/2}\right]\right)_+\end{aligned}$$

を使うと (2.14) の右辺第 2 項は

$$\left[P, \left[\left(P^{j/2}\right)_+, \left(P^{l/2}\right)_+\right]\right] - \left[P, \left(\left[\left(P^{j/2}\right)_+, P^{l/2}\right]\right)_+\right] \tag{2.15}$$

となる．(2.14) と (2.15) から Jacobi 律 (1.12) を使って (2.13) の左辺は

$$\left[P, \left(\left[P^{l/2}, \left(P^{j/2}\right)_+\right]\right)_+\right] + \left[\left[P, \left(P^{j/2}\right)_+\right], \left(P^{l/2}\right)_+\right]$$

となるが，これは (2.14) においてちょうど j と l が入れ替わった．∎

このようにして得られる方程式 (2.12) を l 次 KdV 方程式という．全体をひとまとめにして **KdV 階層**という．結果をまとめておこう．

線形方程式系　$Pw = k^2 w$

$$\frac{\partial w}{\partial x_l} = (L^l)_+ w \quad (L^2 = P)$$

↓ 両立条件

KdV 階層　$\dfrac{\partial P}{\partial x_l} = \left[(L^l)_+, P\right]$

われわれは，KdV 方程式の対称性を (2.12) の形の無限小変換として探すことにより，無限個の互いに可換な対称性を得た．実は，KdV 方程式の持つ対称性はこれだけではない．もっと大きな非可換の対称性が存在する．その話にはいる前にこれまでの考察を一般化しておく．

§2.4 KP 階層

$(\partial^2+u)^{1/2}$ とは限らない 1 階の擬微分作用素

$$L=\partial+\sum_{j=1}^{\infty} f_j\partial^{-j} \tag{2.16}$$

に対して固有値問題

$$Lw=kw \tag{2.17}$$

を考えよう．無限個の変数 $\mathbf{x}=(x_1,x_2,x_3,\cdots)$ を用意する．$x_1=x$ と同一視する．また形式解

$$w=\mathrm{e}^{\xi(\mathbf{x},k)}\left(1+\frac{w_1}{k}+\frac{w_2}{k^2}+\cdots\right)$$
$$\xi(\mathbf{x},k)=\sum_{j=1}^{\infty} x_jk^j \tag{2.18}$$

を考える (演習問題 2.7 を見よ)．ここで

$$\frac{\partial}{\partial x_j}\mathrm{e}^{\xi(\mathbf{x},k)}=k^j\mathrm{e}^{\xi(\mathbf{x},k)} \tag{2.19}$$

となることに注意．線形方程式系

$$\frac{\partial w}{\partial x_j}=B_jw \tag{2.20}$$
$$B_j=(L^j)_+$$

を考えると (2.17) と (2.20) の間の両立条件として

$$\frac{\partial L}{\partial x_j}=[B_j,L] \tag{2.21}$$

が得られる．これは，無限個の変数 $(x_1,x_2,x_3,\cdots)$ と無限個の未知函数 $f_1,f_2,\cdots$ に対する無限個の非線形発展方程式である．これを **KP 階層**と呼ぶ．

L に対して KdV 条件

$$(L^2)_- = 0$$

を課すと，KdV 階層になる．このときは $L^2 = \partial^2 + u$ であって，無限個の $f_1, f_2, \cdots$ などはただひとつの u から決まってしまう．また j :偶数に対しては $[B_j, L] = 0$．したがって

$$\frac{\partial u}{\partial x_j} = 0$$

となるので，無限個の変数のうち奇数次の変数のみが意味を持つ．

KP 階層は上に述べた定義からは無限個の未知函数に対する方程式であるが，ひとつの未知函数に帰着させることができる．この未知函数を τ **函数**という．以下，証明抜きにこのことを述べておく．

線形方程式系 (2.20) の形式解を

$$w = M\mathrm{e}^{\xi(\mathbf{x},k)} \tag{2.22}$$
$$M = 1 + \sum_{j=1}^{\infty} w_j \partial^{-j}$$

の形で求めることを考える．(2.22) を (2.17) に代入すると擬微分作用素の関係式

$$L = M \circ \partial \circ M^{-1} \tag{2.23}$$

を得る (演習問題 2.8 を見よ)．(2.23) により，未知函数として $(f_1, f_2, \cdots)$ の代わりに $(w_1, w_2, \cdots)$ を考えてもよいことになる．実は，両立条件 (2.21) から，ひとつの函数 τ によって

$$w = \frac{\tau(x_1 - \frac{1}{k}, x_2 - \frac{1}{2k^2}, x_3 - \frac{1}{3k^3}, \cdots)}{\tau(x_1, x_2, x_3, \cdots)} \mathrm{e}^{\xi(\mathbf{x},k)} \tag{2.24}$$

と書けることが結論される (演習問題 2.9 を見よ)．これから例えば

$$w_1 = -\frac{\partial \tau}{\partial x_1} / \tau \tag{2.25}$$

$$w_2 = \frac{1}{2}\left(\frac{\partial^2 \tau}{\partial x_1^2} - \frac{\partial \tau}{\partial x_2}\right) / \tau \tag{2.26}$$

のように τ を用いて $(w_1, w_2, \cdots)$ が決まる．したがって，KP 階層は無限個の変数 $(x_1, x_2, x_3, \cdots)$ の函数 τ に対する無限個の非線形微分方程式と理解することができる．以下，KdV(あるいは KP) 階層に対する非可換な対称性を論じるにはこの τ 函数が基本的な役割を果たす．KdV 方程式のもとの未知函数 u は

τ を使って

$$u = 2\frac{\partial^2}{\partial x^2}\log\tau \tag{2.27}$$

と書ける．KP階層は u に対する次の方程式を含んでいる (演習問題2.10を見よ).

$$\frac{3}{4}\frac{\partial^2 u}{\partial x_2^2} = \frac{\partial}{\partial x}\left(\frac{\partial u}{\partial x_3} - \frac{3}{2}u\frac{\partial u}{\partial x} - \frac{1}{4}\frac{\partial^3 u}{\partial x^3}\right). \tag{2.28}$$

演習問題

2.1 式 (2.1) と微分法の Leibniz 則の関係を述べよ．

2.2 $L = \sum_{k=0}^{\infty} f_k\partial^{\alpha-k}$ と $M = \sum_{k=0}^{\infty} g_k\partial^{\beta-k}$ の積 $L \circ M$ (ときに略記して LM) は何になるか．

2.3 $(\partial + x)^{-1}$ を計算せよ．

2.4 L_i $(i = 1, 2)$ を α_i 階の擬微分作用素とすると, L_1L_2, $[L_1, L_2]$ はそれぞれ階数は何か．

2.5 式 (2.12) において，なぜ偶数 l を考えないのか．

2.6 $\dfrac{\partial u}{\partial x_5}$ は何になるか ((2.12) を見よ).

2.7 (2.16) の f_1, f_2 と (2.18) の w_1, w_2 との間の関係を導け．

2.8 $M^{-1} = 1 + v_1\partial^{-1} + v_2\partial^{-2} + \cdots$ を求めよ．

2.9 (2.25), (2.26) は

$$\frac{\partial \log\tau}{\partial x_1} = -w_1,$$
$$\frac{\partial \log\tau}{\partial x_2} = -2w_2 + w_1^2 - \frac{\partial w_1}{\partial x_1}$$

と書き直せる．この2つの関係式が両立していることを示せ．

2.10 (2.28) を導け．

第3章

広田方程式と頂点作用素

数学における自由な発想の典型的な例のひとつが広田良吾氏による双線形方程式の理論である．広田氏は，KdV 方程式をはじめとするソリトン方程式の解を構成するための実際的な方法として導入されたのだが，他の数学的手法とのつながりは明らかではなかった．しかし，数学においてひとつの有効なアイデアが孤立しつづけることは有り得ない．われわれは素粒子論に源を持つ頂点作用素が広田方程式と結びつくことを見る．

§3.1 広田微分

一変数 x の函数 $f(x)$ と $g(x)$ に対し，$f(x+y)g(x-y)$ を $y=0$ で Taylor 展開した係数を次のような記号で表わす．

$$f(x+y)g(x-y) = \sum_{j=0}^{\infty} \frac{1}{j!}(\mathrm{D}_x^j f \cdot g) y^j \tag{3.1}$$

この作用素 $(f,g) \mapsto \mathrm{D}_x^j f \cdot g$ を**広田微分**という．

例 3.1

$$\mathrm{D}_x f \cdot g = \frac{\partial f}{\partial x} g - f \frac{\partial g}{\partial x}$$

$$\mathrm{D}_x^2 f \cdot g = \frac{\partial^2 f}{\partial x^2} g - 2\frac{\partial f}{\partial x}\frac{\partial g}{\partial x} + f\frac{\partial^2 g}{\partial x^2}$$

□

$\mathrm{D}_x^j f \cdot g$ はこれ全体がひとまとまりであり，D_x を単独に取り出して何かの作用素のように思い込んではいけない．$\mathrm{D}_x^j f\cdot g$ は $\mathrm{D}_x^j f$ というものと g との積ではない．多変数の広田微分も同様に定義する．すなわち，$f=f(x_1,x_2,\cdots)$, $g=g(x_1,x_2,\cdots)$ に対して

$$e^{y_1\mathrm{D}_1+y_2\mathrm{D}_2+\cdots}f\cdot g=f(x_1+y_1,x_2+y_2,\cdots)g(x_1-y_1,x_2-y_2,\cdots)$$

である．左辺を $(y_1,y_2,\cdots)$ について展開して

$$f\cdot g+y_1(\mathrm{D}_1f\cdot g)+y_2(\mathrm{D}_2f\cdot g)+\cdots+\frac{1}{2}y_1^2(\mathrm{D}_1^2f\cdot g)+\cdots$$

と書いて右辺と比べることによって，すべての広田微分が定義される．

例 3.2 例えば fを2変数 (x,t) の函数とするとき

$$\mathrm{D}_t\mathrm{D}_xf\cdot f=2\left(\frac{\partial^2 f}{\partial t\partial x}f-\frac{\partial f}{\partial t}\frac{\partial f}{\partial x}\right)$$

である． □

次の公式が成り立つ．

$$\frac{\partial^2}{\partial x^2}\log f=\frac{1}{2f^2}(\mathrm{D}_x^2f\cdot f)$$

$$\frac{\partial^4}{\partial x^4}\log f=\frac{1}{2f^2}(\mathrm{D}_x^4f\cdot f)-6\left(\frac{1}{2f^2}(\mathrm{D}_x^2f\cdot f)\right)^2$$

いま (2.27) を新しい未知函数 τ の定義と考え，KdV 方程式 (1.26) を τ の方程式として書き直すと一度積分して

$$8\frac{\partial^2}{\partial t\partial x}\log\tau=3\left(2\frac{\partial^2}{\partial x^2}\log\tau\right)^2+2\frac{\partial^4}{\partial x^4}\log\tau$$

を得る．これは上の公式を利用して広田微分を使って書き直すと

$$(4\mathrm{D}_t\mathrm{D}_x-\mathrm{D}_x^4)\tau\cdot\tau=0 \tag{3.2}$$

と書ける．

変数 $(x_1,x_2,\cdots)$ に対する広田微分を $(\mathrm{D}_1,\mathrm{D}_2,\cdots)$ と書くことにしよう．$(\mathrm{D}_1,\mathrm{D}_2,\cdots)$ の多項式 $P(\mathrm{D}_1,\mathrm{D}_2,\cdots)$ が与えられたとき，

$$P(\mathrm{D}_1,\mathrm{D}_2,\cdots)\tau\cdot\tau=0 \tag{3.3}$$

を**広田方程式**と呼ぶ．これを解くことを考えよう．Pが奇函数だとすると $P\tau\cdot\tau$ は τ に依らずに 0 である (例えば $\mathrm{D}_x\tau\cdot\tau=\dfrac{\partial\tau}{\partial x}\cdot\tau-\tau\cdot\dfrac{\partial\tau}{\partial x}=0$) ので，$P$は偶函数としておく．

$$P(\mathrm{D}_1, \mathrm{D}_2, \cdots) = P(-\mathrm{D}_1, -\mathrm{D}_2, \cdots)$$

さらに $P(0)=0$ とする．第一に $\tau \equiv 1$ は常に解である．そこで

$$\tau = 1 + \varepsilon f_1 + O(\varepsilon^2)$$

と展開して解を求めてみよう．ε の 1 次を考えると f_1 に対して線形方程式

$$P(\partial_1, \partial_2, \cdots) f_1 = 0 \tag{3.4}$$

が得られる ($\partial_j = \dfrac{\partial}{\partial x_j}$ である)．複素数の組 $(k_1, k_2, \cdots)$ を

$$P(k_1, k_2, \cdots) = 0$$

を満たすように取ると

$$f_1 = \mathrm{e}^{k_1 x_1 + k_2 x_2 + \cdots}$$

は (3.4) を満たす．あるいは一般にこのような組をいくつか用意して

$$f_1 = \sum_{j=1}^{n} c_j \mathrm{e}^{k_1^{(j)} x_1 + k_2^{(j)} x_2 + \cdots} \tag{3.5}$$

(ただし，$P(k_1^{(j)}, k_2^{(j)}, \cdots) = 0$) も解になる．$n=1$ の場合に直接確かめてみると展開を ε の 1 次で打ち切った

$$\tau = 1 + \varepsilon \mathrm{e}^{k_1 x_1 + k_2 x_2 + \cdots}$$

が (3.3) を満たしている．例えば KdV 方程式について考えれば (ε を c と書き直して)

$$\tau = 1 + c\mathrm{e}^{2kx + 2k^3 t}$$

が (3.2) の解となる．こうして得られる解を 1 ソリトン解と呼ぶ．

一般に広田方程式において，変数 x_1, $x_2, \cdots$ の指数函数

$$\mathrm{e}^{k_1 x_1 + k_2 x_2 + \cdots}$$

の多項式の形の解を**ソリトン解**と呼ぶ．ここで

$$k_1 x_1 + k_2 x_2 + \cdots$$

を**指数**という．n 個の異なる指数を含むソリトン解を特に n ソリトン解と呼ぶ．

KdV 方程式の可積分系としての特色は単に広田方程式に書き直せるということではなく，任意の n に対して，第 1 次近似が (3.5) で与えられるような解，すなわち n ソリトン解が存在するという点にある．一般の広田方程式については，$n=1,2$ については常にソリトン解が存在する．$n \geqq 3$ については系の可積分性と n ソリトン解の存在とは，ほとんどの場合等価といってよい (経験的事実)．

$n=2$ について考えよう．

$$\tau = 1 + \varepsilon \sum_{j=1}^{2} c_j \mathrm{e}^{k_1^{(j)} x_1 + k_2^{(j)} x_2 + \cdots} + \varepsilon^2 f_2 + O(\varepsilon^3)$$

を考える．ただし，$P(k_1^{(j)}, k_2^{(j)}, \cdots) = 0 \quad (j=1,2)$ とする．$P(\mathrm{D}_1, \mathrm{D}_2, \cdots)\tau \cdot \tau = 0$ の ε の 2 次を考えると

$$P(\partial_1, \partial_2, \cdots) f_2 + c_1 c_2 P(k_1^{(1)} - k_1^{(2)}, k_2^{(1)} - k_2^{(2)}, \cdots) \times \mathrm{e}^{(k_1^{(1)} + k_1^{(2)}) x_1 + (k_2^{(1)} + k_2^{(2)}) x_2 + \cdots} = 0$$

であり，これを解いて

$$f_2 = -\frac{P(k_1^{(1)} - k_1^{(2)}, k_2^{(1)} - k_2^{(2)}, \cdots)}{P(k_1^{(1)} + k_1^{(2)}, k_2^{(1)} + k_2^{(2)}, \cdots)} c_1 c_2 \times \mathrm{e}^{(k_1^{(1)} + k_1^{(2)}) x_1 + (k_2^{(1)} + k_2^{(2)}) x_2 + \cdots}$$

とすると，ε^2 で打ち切ったものが 2 ソリトン解となる．$P = 4\mathrm{D}_t \mathrm{D}_x - \mathrm{D}_x^4$のときは $k^{(1)} = (2k_1, 2k_1^3), k^{(2)} = (2k_2, 2k_2^3)$ とおくと

$$f_2(x,t) = \frac{(k_1 - k_2)^2}{(k_1 + k_2)^2} c_1 c_2 \mathrm{e}^{2(k_1 + k_2)x + 2(k_1^3 + k_2^3)t}$$

である (演習問題 3.1 を見よ)．

§3.2 n ソリトン

KdV 方程式の n ソリトンの式を書こう．それが KdV 方程式の τ 函数になることの証明は §3.4 に与える．パラメタ $c_1, \cdots, c_n$ と $k_1, \cdots, k_n$を用意する．2 変数 (x,t) を無限個の変数 $x_1 = x, x_3 = t, x_5, x_7, \cdots$に拡張しておく．(2.18) で無限個の変数 $x_1, x_2, x_3, \cdots$ に対して

$$\xi(\mathbf{x}, k) = \sum_{i=1}^{\infty} x_i k^i$$

という記法を導入した．指数 ξ_i と因子 $a_{ii'}$ を

$$\xi_i = 2\sum_{j=0}^{\infty} k_i^{2j+1} x_{2j+1} = \xi(\mathbf{x}, k_i) - \xi(\mathbf{x}, -k_i) \tag{3.6}$$

$$a_{ii'} = \frac{(k_i - k_{i'})^2}{(k_i + k_{i'})^2} \tag{3.7}$$

と定義する．$I = \{1, \cdots, n\}$ とする．I のあらゆる部分集合 J についての和

$$\tau(x_1, x_3, \cdots) = \sum_{J \subset I} (\prod_{i \in J} c_i)(\prod_{\substack{i,i' \in J \\ i<i'}} a_{ii'}) \exp\left(\sum_{i \in J} \xi_i\right) \tag{3.8}$$

が n ソリトンを与える．

例 3.3 $(n = 3)$

$$\begin{aligned}\tau = 1 &+ c_1 e^{\xi_1} + c_2 e^{\xi_2} + c_3 e^{\xi_3} \\ &+ c_1 c_2 a_{12} e^{\xi_1+\xi_2} + c_1 c_3 a_{13} e^{\xi_1+\xi_3} \\ &+ c_2 c_3 a_{23} e^{\xi_2+\xi_3} + c_1 c_2 c_3 a_{12} a_{13} a_{23} e^{\xi_1+\xi_2+\xi_3}\end{aligned}$$

□

言い換えると上記の $\tau(x_1, x_3, \cdots)$ は

$$(4D_1 D_3 - D_1^4)\tau \cdot \tau = 0$$

を満たす (演習問題 3.2 を見よ)．

無限個の変数を導入したことについて少し説明を加える．これらの変数は第 1 章で考えた KdV 方程式の可換な対称性，すなわち KdV 階層に対応している．高次の KdV 方程式が広田型に書けるかという問題を考えてみよう．$(2j+1)$ 次の KdV 方程式は u を未知函数として普通の書き方をすると，x_1 と x_{2j+1} の 2 変数の方程式として書くことができる．

しかし，これを直接 D_1 と D_{2j+1} を使って広田型に書き直そうと思ってもうまくいかない．発想を転換して任意の n ソリトン (3.8) に対して

$$P(D_1, D_3, \cdots)\tau \cdot \tau = 0 \tag{3.9}$$

を満たすような多項式 P を見つけるという問題に置き換えてみる．D_1 と D_{2j+1} だけを含んだ広田方程式ではなく，任意有限個の広田微分を含んだ方程式を探すのである．解を (3.8) だとして，方程式 (3.9) を探すと例えば

$$D_1^6 - 20D_1^3 D_3 - 80D_3^2 + 144D_1 D_5$$

というのが見つかる．詳しく調べると D_{2j+1} を $(2j+1)$ 次と数えると l 次の方程式が (自明なものも数えて) 次のように見つかる．

方程式の次数	方程式の数
1	1
2	0
3	2
4	1
5	3
6	2
7	5

一般に次数を m とすると

(m を正奇数の和に書くやり方の数)

− (m を 4 の倍数でない正偶数の和に書くやり方の数)

が広田型高次 KdV 方程式の数となる．例えば次数 6 のものは独立なものがもうひとつあって $D_1^6 + 4D_1^3D_3 - 32D_3^2$ である．このように出てくる方程式を，u についての方程式に書き直したものが，第 1 章で考えた KdV 階層と本当に一致するのかという疑問が起きる．これは事実として正しいが，本書ではこれ以上立ち入らないことにする．(ただし (3.27) を見よ.)

§3.3 頂点作用素

KdV 方程式の対称性を明らかにするという観点からは，無限個の変数の導入は必要不可欠である．第一に，これらの変数は可換な対称性の存在を言い換えているのだから，このことは明らかである．第二に，より重要な理由として，これから述べる非可換な対称性の記述において無限個の変数は本質的な役割を果たす．

無限小変換については (1.10) でのべた．θ の代わりに ε を使って τ 函数に対する線形の無限小変換

$$\frac{\partial}{\partial\varepsilon}\tau(x_1, x_3, \cdots) = X\tau(x_1, x_3, \cdots)$$

を考える．このような無限小変換であって，KdV 階層の解 τ を別の解に変換

するものを探したい．実は τ_n を n ソリトン解 (3.8) であるとして

$$\tau_{n+1} = \mathrm{e}^{\varepsilon X}\tau_n$$

が，$(n+1)$ ソリトン解になるような X が存在するのである．

k をパラメタとして

$$X(k) = \exp\left(2\sum_{j=0}^{\infty} k^{2j+1}x_{2j+1}\right)\exp\left(-2\sum_{j=0}^{\infty}\frac{1}{(2j+1)k^{2j+1}}\frac{\partial}{\partial x_{2j+1}}\right) \tag{3.10}$$

という線形作用素を考えよう．この形の作用素を**頂点作用素**と呼ぶ．(この名称は素粒子論に由来するがここでは立ち入らない.) $X(k)$ は，関数 $f(x_1, x_3, \cdots)$ に対して

$$X(k)f(x_1, x_3, \cdots) = \exp\left(2\sum_{j=0}^{\infty} k^{2j+1}x_{2j+1}\right) f(x_1 - \frac{2}{k}, x_3 - \frac{2}{3k^3}, \cdots)$$

という形に作用する．

補題 3.1 (巻末の補遺の注 1 参照)

$$X(k_1)X(k_2) = \frac{(k_1-k_2)^2}{(k_1+k_2)^2}\exp\left(2\sum_{i=1,2}\sum_{j=0}^{\infty} k_i^{2j+1}x_{2j+1}\right)$$
$$\times\exp\left(-2\sum_{i=1,2}\sum_{j=0}^{\infty}\frac{1}{(2j+1)k_i^{2j+1}}\frac{\partial}{\partial x_{2j+1}}\right)$$

[証明]

$$A = -2\sum_{j=0}^{\infty}\frac{1}{(2j+1)k_1^{2j+1}}\frac{\partial}{\partial x_{2j+1}}$$
$$B = 2\sum_{j=0}^{\infty} k_2^{2j+1}x_{2j+1}$$

という 2 つの作用素に対して

$$\mathrm{e}^A\mathrm{e}^B = \frac{(k_1-k_2)^2}{(k_1+k_2)^2}\mathrm{e}^B\mathrm{e}^A$$

を示したい．次の公式を使う (演習問題 3.3 を見よ)．

[公式]　$[A, B]$ がスカラーならば

$$\mathrm{e}^A\mathrm{e}^B\mathrm{e}^{-A} = \mathrm{e}^{[A,B]}\mathrm{e}^B \tag{3.11}$$

われわれの場合

$$
\begin{aligned}
[A,B] &= -4\sum_{j=0}^{\infty}\frac{1}{2j+1}\left(\frac{k_2}{k_1}\right)^{2j+1} \\
&= 2\sum_{l=1}^{\infty}\frac{1}{l}\left(-\frac{k_2}{k_1}\right)^{l} - 2\sum_{l=1}^{\infty}\frac{1}{l}\left(\frac{k_2}{k_1}\right)^{l} \\
&= -\log\left(1+\frac{k_2}{k_1}\right)^2 + \log\left(1-\frac{k_2}{k_1}\right)^2
\end{aligned}
$$

であるから，$[A,B]$ はスカラー (すなわち，変数 $x_1, x_2, \cdots$ の微分もかけ算も含まない) であり

$$
\mathrm{e}^{[A,B]} = \frac{(k_1-k_2)^2}{(k_1+k_2)^2}
$$

となって補題が従う．■

証明からわかるように，補題の $(k_1-k_2)^2/(k_1+k_2)^2$ は，正確には k_2/k_1 についての Taylor 展開の意味である．補題から特に

$$
\mathrm{e}^{cX(k)} = 1 + cX(k)
$$

である．したがって $\mathrm{e}^{cX(k)}1$ が 1 ソリトン解を与える．一般に (3.8) の形の n ソリトン解は

$$
\tau = \mathrm{e}^{c_1X(k_1)}\cdots\mathrm{e}^{c_nX(k_n)}1 \tag{3.12}
$$

として得られることも明らかである．

KP 方程式に対する頂点作用素と n ソリトン解を書いておこう．計算は省くが KP 方程式 (2.28) を広田型に書くと

$$
(\mathrm{D}_1^4 + 3\mathrm{D}_2^2 - 4\mathrm{D}_1\mathrm{D}_3)\tau\cdot\tau = 0 \tag{3.13}
$$

となる．$P(k_1,k_2,k_3) = k_1^4 + 3k_2^2 - 4k_1k_3$ とすると $P(k_1,k_2,k_3)=0$ の解は

$$
\begin{aligned}
k_1 &= p - q \\
k_2 &= p^2 - q^2 \\
k_3 &= p^3 - q^3
\end{aligned} \tag{3.14}
$$

で与えられる (p, q は任意)．また，

$$
\begin{aligned}
(k_1,k_2,k_3) &= (p_1-q_1, p_1^2-q_1^2, p_1^3-q_1^3), \\
(k_1',k_2',k_3') &= (p_2-q_2, p_2^2-q_2^2, p_2^3-q_2^3)
\end{aligned}
$$

とするとき

$$-\frac{P(k_1-k_1',k_2-k_2',k_3-k_3')}{P(k_1+k_1',k_2+k_2',k_3+k_3')}=\frac{(p_1-p_2)(q_1-q_2)}{(p_1-q_2)(q_1-p_2)}$$

となる．n ソリトン解は (3.8) において

$$\xi_i=\sum_{j=1}^{\infty}(p_i^j-q_i^j)x_j \tag{3.15}$$

$$a_{ii'}=\frac{(p_i-p_{i'})(q_i-q_{i'})}{(p_i-q_{i'})(q_i-p_{i'})} \tag{3.16}$$

とすればよい．n ソリトン解を作り出す頂点作用素 $X(p,q)$ は

$$X(p,q)=\exp\left(\sum_{j=1}^{\infty}(p^j-q^j)x_j\right)\exp\left(-\sum_{j=1}^{\infty}\frac{1}{j}(p^{-j}-q^{-j})\frac{\partial}{\partial x_j}\right) \tag{3.17}$$

である (演習問題 3.4 を見よ)．

$$\tau=\mathrm{e}^{c_1X(p_1,q_1)}\cdots\mathrm{e}^{c_nX(p_n,q_n)}1 \tag{3.18}$$

が KP 階層の n ソリトン解である．具体的に書くと (3.15), (3.16) のもとに

$$\tau(x_1,x_2,\cdots)=\sum_{J\subset I}\left(\prod_{i\in J}c_i\right)\left(\prod_{\substack{i,i'\in J\\ i<i'}}a_{ii'}\right)\exp\left(\sum_{i\in J}\xi_i\right) \tag{3.19}$$

となる．次節でこの τ 函数が実際に KP 階層を満たすことの証明を与える．$p_i=-q_i$ と特殊化すれば (3.19) は (3.8) に帰着するので，(3.8) が KdV 階層を満たすことも同時にわかる．

§3.4 双線形恒等式

(3.18) の τ 函数が実際に KP 階層の解になることの証明を与える．鍵となるのは次の双線形恒等式である．

任意の $\mathbf{x}$, $\mathbf{x}'$ に対して次の恒等式が成立する．

$$0=\oint\frac{\mathrm{d}k}{2\pi\mathrm{i}}\mathrm{e}^{\xi-\xi'}\tau\left(x_1-\frac{1}{k},x_2-\frac{1}{2k^2},\cdots\right)\tau\left(x_1'+\frac{1}{k},x_2'+\frac{1}{2k^2},\cdots\right) \tag{3.20}$$

ただし

$$\xi = \xi(\mathbf{x}, k), \quad \xi' = \xi(\mathbf{x}', k)$$

であり，$\oint \frac{\mathrm{d}k}{2\pi \mathrm{i}}$ は被積分函数の $k = \infty$ における展開の k^{-1} の係数を取ることを意味する．これは被積分函数が $k \in \mathbf{C}$ で有限個の極を除いて正則であればそれらの極における留数の総和としても計算できる (演習問題 3.5 を見よ).

［証明］ (3.20) が成り立つことを証明する．(3.19) で x_j を $x_j - \frac{1}{jk^j}$ に置き換えたとき k についての極を求め，留数の総和が 0 となることが言いたい．(3.15) の ξ_i の $(x_1 - \frac{1}{k}, x_2 - \frac{1}{2k^2}, \cdots)$ での値を計算すると

$$\exp\left(\sum_{j=1}^{\infty} (p_i^j - q_i^j)(x_j - \frac{1}{jk^j}) \right) = \frac{k - p_i}{k - q_i} \mathrm{e}^{\xi_i}$$

となる．同じく

$$\exp\left(\sum_{j=1}^{\infty} (p_i^j - q_i^j)(x'_j + \frac{1}{jk^j}) \right) = \frac{k - q_i}{k - p_i} \mathrm{e}^{\xi'_i}$$

である．$k = q_i$ の留数は

$$\begin{aligned}
&\sum_{i \in J \subset I} \left(\prod_{l \in J} c_l \right) \left(\prod_{\substack{l, l' \in J \\ l < l'}} a_{ll'} \right) \exp\left(\sum_{l \in J \setminus \{i\}} \xi_l \right) (q_i - p_i) \prod_{l \in J \setminus \{i\}} \frac{q_i - p_l}{q_i - q_l} \mathrm{e}^{\xi(\mathbf{x}, p_i)} \\
&\quad \times \sum_{i \notin J' \subset I} \left(\prod_{l \in J'} c_l \right) \left(\prod_{\substack{l, l' \in J' \\ l < l'}} a_{ll'} \right) \exp\left(\sum_{l \in J'} \xi'_l \right) \prod_{l \in J'} \frac{q_i - q_l}{q_i - p_l} \mathrm{e}^{-\xi(\mathbf{x}', q_i)} \\
&= c_i (q_i - p_i) \mathrm{e}^{\xi(\mathbf{x}, p_i) - \xi(\mathbf{x}', q_i)} \\
&\quad \times \sum_{i \notin J \subset I} \left(\prod_{l \in J} c_l \right) \left(\prod_{\substack{l, l' \in J \cup \{i\} \\ l < l'}} a_{ll'} \right) \prod_{l \in J} \frac{q_i - p_l}{q_i - q_l} \exp\left(\sum_{l \in J} \xi_l \right) \\
&\quad \times \sum_{i \notin J' \subset I} \left(\prod_{l \in J'} c_l \right) \left(\prod_{\substack{l, l' \in J' \\ l < l'}} a_{ll'} \right) \prod_{l \in J'} \frac{q_i - q_l}{q_i - p_l} \exp\left(\sum_{l \in J'} \xi'_l \right)
\end{aligned}$$

同じように $k = p_i$ の留数を計算すると，ちょうどこれと打ち消し合う． ∎

双線形恒等式を用いると，τ 函数が (i) 線形方程式系 (2.20) および (ii) 双線形方程式系 (3.9) の両方の意味で，KP 階層の解を与えることが導かれる．このことを説明しよう．

$$w(\mathbf{x},k)=\frac{\tau(x_1-\frac{1}{k},x_2-\frac{1}{2k^2},\cdots)}{\tau(x_1,x_2,\cdots)}\mathrm{e}^{\xi(\mathbf{x},k)} \tag{3.21}$$

$$w^*(\mathbf{x},k)=\frac{\tau(x_1+\frac{1}{k},x_2+\frac{1}{2k^2},\cdots)}{\tau(x_1,x_2,\cdots)}\mathrm{e}^{-\xi(\mathbf{x},k)} \tag{3.22}$$

とおくと，これらは

$$w(\mathbf{x},k)=\mathrm{e}^{\xi(\mathbf{x},k)}\left(1+\sum_{l=1}^{\infty}\frac{w_l}{k^l}\right) \tag{3.23}$$

$$w^*(\mathbf{x},k)=\mathrm{e}^{-\xi(\mathbf{x},k)}\left(1+\sum_{l=1}^{\infty}\frac{w_l^*}{k^l}\right) \tag{3.24}$$

の形をしていて，たったいま示したように

$$\oint\frac{\mathrm{d}k}{2\pi\mathrm{i}}w(\mathbf{x},k)w^*(\mathbf{x}',k)=0 \tag{3.25}$$

を満たす．(3.25) から (2.20) を導いてみよう．まず (3.25) について一般的な注意を 2 つしておく．

(1) Q を変数 $(x_1,x_2,\cdots)$ に関する任意の微分作用素とするとき

$$\oint\frac{\mathrm{d}k}{2\pi\mathrm{i}}\Big(Qw(\mathbf{x},k)\Big)w^*(\mathbf{x}',k)=0.$$

(2)

$$\tilde{w}(\mathbf{x},k)=\mathrm{e}^{\xi(\mathbf{x},k)}\cdot\sum_{l=1}^{\infty}\frac{\tilde{w}_l}{k^l} \tag{3.26}$$

の形の級数が

$$\oint\frac{\mathrm{d}k}{2\pi\mathrm{i}}\tilde{w}(\mathbf{x},k)w^*(\mathbf{x}',k)=0$$

を満たせば $\tilde{w}_1\equiv\tilde{w}_2\equiv\cdots\equiv0$ である (演習問題 3.6 を見よ)．

(2.20) を証明しよう．(2.22), (2.23) によって (考えている w から) L を定義する．

$$Q=\frac{\partial}{\partial x_j}-(L^j)_+$$

とおくと，

$$Qw = \frac{\partial w}{\partial x_j} - L^j w + (L^j)_- w$$

であるが，(2.17) から $\dfrac{\partial w}{\partial x_j} - L^j w$ は (3.26) の形である．また $(L^j)_- w = (L^j)_- M \exp\left(\sum_{j=1}^{\infty} k^j x_j\right)$ も (3.26) の形である．したがって，Qw も (3.26) の形となる．したがって，(1) と (2) から $Qw = 0$ である．τ 函数が広田型の方程式を満たすことは次のようにしてわかる．$x_j = x_j + y_j$, $x'_j = x_j - y_j$ と変数変換すると

$$\oint \frac{\mathrm{d}k}{2\pi\mathrm{i}} \exp\left(2\sum_{j=1}^{\infty} k^j y_j\right) \tau\left(x_1 + y_1 - \frac{1}{k}, x_2 + y_2 - \frac{1}{2k^2}, \cdots\right)$$
$$\times \tau\left(x_1 - y_1 + \frac{1}{k}, x_2 - y_2 + \frac{1}{2k^2}, \cdots\right)$$
$$= \oint \frac{\mathrm{d}k}{2\pi\mathrm{i}} \exp\left(2\sum_{j=1}^{\infty} k^j y_j\right) \exp\left(\sum_{l=1}^{\infty} (y_l - \frac{1}{lk^l}) \mathrm{D}_l\right) \tau \cdot \tau$$

となるので，

$$\exp\left(2\sum_{j=1}^{\infty} k^j y_j\right) \exp\left(\sum_{l=1}^{\infty} (y_l - \frac{1}{lk^l}) \mathrm{D}_l\right) \tag{3.27}$$

を $(y_1, y_2, \cdots)$ について展開して，k^{-1} の係数を取ると広田型の方程式が得られる (演習問題 3.7 を見よ)．

演習問題

3.1　x と t の多項式で (3.2) の解となるものを探せ．

3.2　KdV 方程式の 3 ソリトン解が (3.2) を満たすことを確かめよ．

3.3　(3.11) を示せ．

3.4　積 $X(p_1, q_1)X(p_2, q_2)$ と交換子積 $[X(p_1, q_1), X(p_2, q_2)]$ を補題 3.1 に習って計算せよ．交換子積は消えるか．

3.5　(x_1, x_2, x_3) の 3 変数の多項式で KP 階層の τ 函数となるものを探せ．すなわち (3.20) を満たすものを探せ．

3.6　(3.26) に関する主張を証明せよ．

3.7　(3.27) から (3.13) が出ることを示せ．

第4章

フェルミオンとそのカルキュラス

ソリトンの構成法を見ていると，方程式の背後にあって対称性を支配する代数的な法則の世界が次第に浮び上がってくる．しばらく舞台を代数の世界に転じよう．この章ではフェルミオンとそのカルキュラスについて説明する．

§4.1 微分と掛け算のなす代数 (ボゾン)

微分方程式 (ないし函数) の無限小変換は一般に発展方程式として捉えられた．KdV 方程式や KP 方程式のように無限個の対称性を持つ場合，それらの階層を一度に扱うために，自然に無限変数 $\mathbf{x} = (x_1, x_2, x_3, \cdots)$ の函数を考えるにいたる．話をはっきりさせるため，今後はひとまず考える対象とする函数をこれらの変数の多項式に限定することにしよう．無限変数とはいっても，個々の多項式は単項式の有限和だから有限個の変数しか含まない．多項式の次数を勘定する際は各変数 x_n を n 次 $(n = 1, 2, \cdots)$ として数えることにする．

さて，函数の変換というならば，もっとも基本的なものとしてまず「微分」と「掛け算」という操作がある．いま多項式 $f(\mathbf{x})$ に働く作用素 a_n, a_n^* を

$$(a_n f)(\mathbf{x}) = \frac{\partial f}{\partial x_n}(\mathbf{x}), \quad (a_n^* f)(\mathbf{x}) = x_n f(\mathbf{x}) \tag{4.1}$$

と定めよう．ただちにわかるように，これらの作用素の間には次の交換関係が成り立っている．これを**正準交換関係**という．

$$[a_m, a_n] = 0, \quad [a_m^*, a_n^*] = 0, \quad [a_m, a_n^*] = \delta_{mn} \tag{4.2}$$

一般に，多項式を係数とする微分作用素

$$\sum c_{\alpha_1 \alpha_2 \cdots \beta_1 \beta_2 \cdots} x_1^{\alpha_1} x_2^{\alpha_2} \cdots \left(\frac{\partial}{\partial x_1}\right)^{\beta_1} \left(\frac{\partial}{\partial x_2}\right)^{\beta_2} \cdots \tag{4.3}$$

のあいだには自然に作用素としての積・和が定義されて，これらの全体はいわゆる代数をなしている．

われわれはこれから $\{a_n, a_n^*\}_{n=1,2,\cdots}$ を関係式 (4.2) に従う抽象的なシンボル (文字) と考えて，これらを**ボゾン**と呼ぶことにする．一般に，ある文字の集合 S とそれらの間の関係式の集合 R が与えられたとき， S の元から出発して積・和・スカラー倍の操作を任意有限回繰り返してできる元の全体は自然に代数を成し，これを「関係式 R のもとに S によって生成された代数」というのであった．関係式 (4.2) のもとに集合 $S = \{a_n, a_n^*\}_{n=1,2,\cdots}$ で生成された代数 $\mathcal{B}$ を **Heisenberg 代数**と呼んでいる．正準交換関係を繰り返し使えば，$\mathcal{B}$ のどのような元も次の形の元の有限 1 次結合としてただ一通りに表すことができる：

$$a_{m_1}^{*\alpha_1} \cdots a_{m_r}^{*\alpha_r} a_{n_1}^{\beta_1} \cdots a_{n_s}^{\beta_s}$$
$$(m_1 < \cdots < m_r,\ n_1 < \cdots < n_s, \quad \alpha_i, \beta_j = 1, 2, \cdots)$$

一般に，代数 A の, 線形空間 V 上の**表現**とは，V 上の線形作用素の空間 $\mathrm{End}(V)$ への線形写像 $\rho: A \to \mathrm{End}(V)$ であって $\rho(ab) = \rho(a)\rho(b)$ $(\forall a, b \in A)$ となるものを言う．A が関係式 R のもとに S で生成されているならば，これは関係式 R が成り立つような線形写像の族 $\rho(s)$ $(s \in S)$ を与えることと同じことである．

この言葉遣いによれば，式 (4.1) は Heisenberg 代数 $\mathcal{B}$ の多項式の空間 $V = \mathbf{C}[\mathbf{x}] = \mathbf{C}[x_1, x_2, x_3, \cdots]$ の上の表現が $\rho(a_n) = \dfrac{\partial}{\partial x_n}$, $\rho(a_n^*) = x_n$(変数 x_n による掛け算) によって与えられることを意味している．表現空間 $\mathbf{C}[\mathbf{x}]$ をボゾンの **Fock 空間**という．いま微分 $a_n = \dfrac{\partial}{\partial x_n}$ を**消滅作用素**，掛け算 $a_n^* = x_n$ を**生成作用素**と呼び，$\mathbf{C}[\mathbf{x}]$ の元 1 を**真空**と呼ぶことにすれば，明らかに

- 消滅作用素 φ は真空を消す： $\varphi 1 = 0$
- Fock 空間は真空から生成される：

$$\mathbf{C}[\mathbf{x}] = \mathcal{B} \cdot 1 \stackrel{\mathrm{def}}{=} \{a \cdot 1 \mid a \in \mathcal{B}\} \tag{4.4}$$

が成り立っている．もっと言えば $\mathbf{C}[\mathbf{x}]$ は生成作用素を真空に施して作られる元

$$\{a_{m_1}^* \cdots a_{m_r}^* 1 \mid 0 < m_1 \leqq \cdots \leqq m_r\} \tag{4.5}$$

を基底に持っている．なお生成作用素どうし，消滅作用素どうしはそれぞれ互いに可換であることに注意しておこう．

読者は易しいことをことさらに難しく言っている，と抵抗を覚えるだろうか？あとになって，ボゾンが微分・掛け算という実体的な形でなく，まさに(4.2)として別の姿で現れる．そのときまで待っていただきたい．

§4.2 フェルミオン

代数 $\mathcal{B}$ と並んで，われわれがこれから主に考えるのは，上の正準交換関係において交換子 $[X,Y]=XY-YX$ を**反交換子**

$$[X,Y]_+ \stackrel{\mathrm{def}}{=} XY+YX$$

で置き換えて得られるもう一つの代数 $\mathcal{A}$ である．

定義 4.1 文字 ψ_n, ψ_n^* を用意して，それらの間に**正準反交換関係**と呼ぶ次の基本関係式を設定しよう．添字は何でも良いのだが，後の目的のために n は半整数 $\mathbf{Z}+1/2$ を動くものとしておく．

$$[\psi_m, \psi_n]_+ = 0, \quad [\psi_m^*, \psi_n^*]_+ = 0, \quad [\psi_m^*, \psi_n]_+ = \delta_{m+n,0}. \tag{4.6}$$

このとき ψ_n, ψ_n^* を**フェルミオン**と呼び，それらが(4.6)の下に生成する代数 $\mathcal{A}$ を **Clifford 代数**という． □

関係式(4.6)は特別の場合として，フェルミオンに特有の性質

$${\psi_n}^2 = 0, \qquad \psi_n^{*2} = 0$$

を含んでいることに注意しよう．ボゾンの場合と同様に，(4.6)を使えば ψ_m, ψ_n^* の積の順序を交換することができるので，$\mathcal{A}$ の一般の元は

$$\psi_{m_1} \cdots \psi_{m_r} \psi_{n_1}^* \cdots \psi_{n_s}^* \quad (m_1 < \cdots < m_r, n_1 < \cdots < n_s) \tag{4.7}$$

の形のものの有限1次結合として表すことができる．

注意 このような代数が矛盾なく定義できるかどうかは吟味を要する事柄である．きちんと議論することも難しくはないが，この本の主題から離れるのでここでは立ち入らない[*1]．結論だけを述べれば，(4.7)の形の元は1次独立になって線形空間としての $\mathcal{A}$ の基底になる．

---

*1 例えば田坂隆士「2次形式」(岩波基礎数学選書)などを参照．

表 4.1 ボゾンとフェルミオンの相違点

	Heisenberg 代数 $\mathcal{B}$	Clifford 代数 $\mathcal{A}$
生成元	$a,\, a^*$ (ボゾン)	$\psi,\, \psi^*$ (フェルミオン)
関係式	$aa^* - a^*a = 1$	$\psi\psi^* + \psi^*\psi = 1,\, \psi^2 = \psi^{*2} = 0$
基底	$a^m a^{*n}\ (m, n = 0, 1, 2, \cdots)$	$1,\, \psi,\, \psi^*,\, \psi\psi^*$

ボゾンとフェルミオンの類似点と相違点をまとめておこう．簡単のために 2 個の生成元 a, a^*，ψ, ψ^* を持つ場合を考えると，表 4.1 のようになる．一般に，有限個のフェルミオンで生成される Clifford 代数 $\mathcal{A}$ は有限次元の代数だが，Heisenberg 代数 $\mathcal{B}$ はこの場合でもすでに無限次元である．

フェルミオンを行列を用いて具体的に実現することができる．いまの場合には

$$\psi = \begin{pmatrix} 0 & 1 \\ 0 & 0 \end{pmatrix}, \qquad \psi^* = \begin{pmatrix} 0 & 0 \\ 1 & 0 \end{pmatrix}$$

とおけばよい (演習問題 4. 1 参照)．これに反してボゾンは決して有限サイズの行列では書けない．実際，仮に $n \times n$ 行列 $A,\, A^*$ が $AA^* - A^*A = 1$ を満たしたとすると，両辺のトレースをとれば $0 = tr(AA^*) - tr(A^*A) = tr(1) = n$ となって矛盾を生じる．

§4.3 Fock 表現

ボゾンの Fock 表現 $\mathbf{C}[x_1, x_2, x_3, \cdots]$ に対応したフェルミオンの場合の類似物について説明しよう．

いま白と黒の碁石が，半整数で番号づけられて数直線上にならんでいる図形を考えよう．ただし，十分右 ($n \gg 0$) はすべて黒，十分左 ($n \ll 0$) はすべて白の碁石が詰っているものとする．このような図形を**マヤ図形**と呼ぶ (図 4.1)．

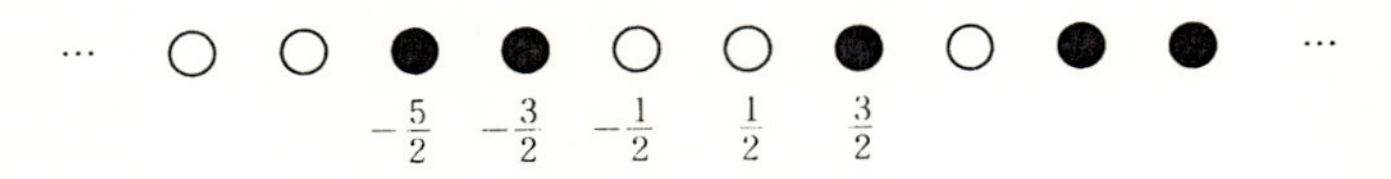

図 4.1 マヤ図形

黒石の位置を $m_1, m_2, \cdots$ とすれば，マヤ図形は半整数の増大列

$$\mathbf{m} = \{m_j\}_{j \geqq 1} \quad (m_1 < m_2 < m_3 < \cdots), \quad m_{j+1} = m_j + 1 \ \ (j \text{ 十分大}) \tag{4.8}$$

によって表すことができる．すべてのマヤ図形を基底とする線形空間 $\mathcal{F}$ を考え，フェルミオンの Fock 空間と呼ぶ．マヤ図形の表すベクトルは $|\mathbf{m}\rangle$ のように書くことにする．Fock 空間 $\mathcal{F}$ の上にフェルミオンの左からの作用を次のように定めよう．

$$\psi_n|\mathbf{m}\rangle = \begin{cases} (-1)^{i-1}|\cdots, m_{i-1}, m_{i+1}, \cdots\rangle & (\text{ある } i \text{ に対し } m_i = -n) \\ 0 & (\text{それ以外}) \end{cases} \tag{4.9}$$

$$\psi_n^*|\mathbf{m}\rangle = \begin{cases} (-1)^{i}|\cdots, m_i, n, m_{i+1}, \cdots\rangle & (\text{ある } i \text{ に対し } m_i < n < m_{i+1}) \\ 0 & (\text{それ以外}) \end{cases} \tag{4.10}$$

ただし，(4.9) は $i = 1$ のとき $|m_2, m_3, \cdots\rangle$，(4.10) は $i = 0$ のとき $|n, m_1, m_2, \cdots\rangle$ と解釈する．読者はこの定義に基づいてフェルミオンの正準反交換関係 (4.6) が成り立つことを確かめていただきたい．フェルミオン ψ_n は位置 $-n$ に白石を生成 (＝黒石を消滅) させる作用を持ち，ψ_n^* は位置 n に黒石を生成 (＝白石を消滅) させる役割を果たす．

フェルミオンを 2 種に分別して

$$\{\psi_n\ ,\ \psi_n^*\}\,(n < 0) \qquad \text{を生成作用素}$$

$$\{\psi_n\ ,\ \psi_n^*\}\,(n > 0) \qquad \text{を消滅作用素}$$

と呼ぶことにしよう．生成作用素どうし，消滅作用素どうしはそれぞれ互いに反可換である．(X, Y が反可換であるとは $XY = -YX$ が成り立つことを言う.) いま，左半分 $n < 0$ が白石で詰った状態 $m_j = j - 1/2$ $(j = 1, 2, \cdots)$ に対応するベクトルを $|\mathrm{vac}\rangle$ と書いて真空と呼ぶと，これには次の性質がある．

- 消滅作用素 φ は真空を消す： $\varphi|\mathrm{vac}\rangle = 0$
- Fock 空間は真空から生成される：

$$\mathcal{F} = \mathcal{A} \cdot |\mathrm{vac}\rangle \overset{\text{def}}{=} \{\, a|\mathrm{vac}\rangle \mid a \in \mathcal{A}\,\}$$

実は Fock 表現はこの 2 性質によって特徴づけられることがわかっている．任意のマヤ図形に対応するベクトルは (符号を別として) 生成作用素を真空に順次

施した

$$\psi_{m_1}\cdots\psi_{m_r}\psi^*_{n_1}\cdots\psi^*_{n_s}|\mathrm{vac}\rangle \qquad (m_1<\cdots<m_r<0,\ n_1<\cdots<n_s<0) \tag{4.11}$$

の形で書けるから，これらの元 (4.11) は 1 次独立で $\mathcal{F}$ の基底を与えている．

例 4.1 Fock 表現の符号の規則は次のように考えると了解しやすいかもしれない．いますべての ψ_n によって消される「偽の真空」$|\Omega\rangle$ を用意すると，「本当の真空」$|\mathrm{vac}\rangle$ は形式的にはこれに無限個の ψ^*_n を施したベクトルであるようにみなせる：

$$|\mathrm{vac}\rangle = \psi^*_{1/2}\psi^*_{3/2}\psi^*_{5/2}\cdots|\Omega\rangle$$

実際右辺はちょうどすべての消滅作用素を掛けて 0 になっている．(ちなみに素粒子論においては，真空とは粒子が何もない状態ではなくて反粒子が詰った状態であると考え，これを Dirac の海と呼んでいる.) さらに生成作用素を施していくと，

$$\begin{aligned}\psi_{-3/2}|\mathrm{vac}\rangle &= \psi_{-3/2}\psi^*_{1/2}\psi^*_{3/2}\psi^*_{5/2}\cdots|\Omega\rangle\\ &= -\psi^*_{1/2}\psi_{-3/2}\psi^*_{3/2}\psi^*_{5/2}\cdots|\Omega\rangle\\ &= -\psi^*_{1/2}\psi^*_{5/2}\psi^*_{7/2}\cdots|\Omega\rangle\\ \psi^*_{-3/2}|\mathrm{vac}\rangle &= \psi^*_{-3/2}\psi^*_{1/2}\psi^*_{3/2}\psi^*_{5/2}\cdots|\Omega\rangle\end{aligned}$$

□

などのようになる．図 4.2 を見れば，黒石が消滅 (＝白石が生成) したり，その逆になったりするようすがわかるであろう．

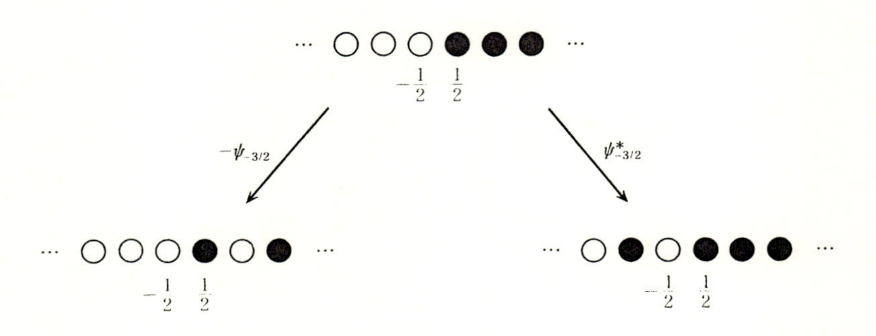

図 4.2 白・黒の生成消滅

§4.4 双対・荷電・エネルギー

Fock 空間と並行して，双対 Fock 空間 $\mathcal{F}^*$ を定義しよう．マヤ図形を表すのに今度は白石の位置 $\cdots, n_3, n_2, n_1$ を用いる．ベクトル空間として $\mathcal{F}^*$ はやはりマヤ図形を基底とするものとし，対応するベクトルは

$$\langle \mathbf{n}| = \langle \cdots n_3 n_2 n_1|, \quad (\cdots < n_3 < n_2 < n_1),\ n_{j+1} = n_j - 1 \ \ (j \text{十分大})$$

と書こう ($n_j \in \mathbf{Z} + 1/2$)．フェルミオンの右からの作用を次のように定める．

$$\langle \mathbf{n}|\psi_n = \begin{cases} (-1)^i \langle \cdots, n_{i+1}, n, n_i, \cdots| & (\text{ある } i \text{ について } n_{i+1} < n < n_i) \\ 0 & (\text{それ以外}) \end{cases} \tag{4.12}$$

$$\langle \mathbf{n}|\psi_n^* = \begin{cases} (-1)^{i-1} \langle \cdots, n_{i+1}, n_{i-1}, \cdots| & (\text{ある } i \text{ について } n = -n_i) \\ 0 & (\text{それ以外}) \end{cases} \tag{4.13}$$

双対真空 $\langle \mathrm{vac}|$ を $n_j = -j + 1/2$ $(j = 1, 2, \cdots)$ なる $\langle \mathbf{n}|$ として定めれば，Fock 空間の場合と同様に

- 生成作用素 φ は双対真空を消す： $\langle \mathrm{vac}|\varphi = 0$
- 双対 Fock 空間は双対真空から生成される：

$$\mathcal{F}^* = \langle \mathrm{vac}| \cdot \mathcal{A} \overset{\mathrm{def}}{=} \{ \langle \mathrm{vac}|a \mid a \in \mathcal{A} \}$$

$\mathcal{F}^*$ の基底としては

$$\langle \mathrm{vac}|\psi_{m_1} \cdots \psi_{m_r} \psi_{n_1}^* \cdots \psi_{n_s}^* \qquad (0 < m_1 < \cdots < m_r,\ 0 < n_1 < \cdots < n_s)$$

をとることができる．すでに出てきたが，物理学で慣用の記号法に従ってこんごも $\mathcal{F}^*$ の元は $\langle u|$，$\mathcal{F}$ の元は $|u\rangle$，また $a \in \mathcal{A}$ の作用はそれぞれ $\langle u|a$，$a|u\rangle$ のように表すことにしよう．いま両者の空間のあいだに双線形写像 (ペアリング) $\mathcal{F}^* \times \mathcal{F} \longrightarrow \mathbf{C}$, $\Big(\langle u|, |v\rangle\Big) \mapsto \langle u|v\rangle$ を

$$\begin{aligned} &\langle \mathbf{n}|\mathbf{m}\rangle = \delta_{m_1+n_1,0}\delta_{m_2+n_2,0}\delta_{m_3+n_3,0}\cdots \\ &\langle \mathbf{n}| = \langle \cdots n_3 n_2 n_1|, \quad |\mathbf{m}\rangle = |m_1 m_2 m_3 \cdots\rangle \end{aligned} \tag{4.14}$$

によって定めれば，次の性質が成り立つ．

$$\langle \mathrm{vac}|\mathrm{vac}\rangle = 1, \quad (\langle u|a)|v\rangle = \langle u|(a|v\rangle) \ \ \forall a \in \mathcal{A} \tag{4.15}$$

後者をこんご $\langle u|a|v\rangle$ と書く．

フェルミオンに対して，その**荷電** (charge) および**エネルギー**を表 4.2 で定めよう．より一般に，単項式 (4.7) の荷電およびエネルギーは各因子の総和としてそれぞれ $r-s$, $-(m_1+\cdots+m_r+n_1+\cdots+n_s)$ と定める．

表 4.2 荷電とエネルギー

	ψ_n	ψ_n^*
荷電	1	-1
エネルギー	$-n$	$-n$

Fock 空間の基底の元 $|u\rangle$ に対しても荷電，エネルギーが定義される．すなわち

$$|\mathrm{vac}\rangle \text{ の荷電 (エネルギー) } = 0$$
$$a|\mathrm{vac}\rangle \text{ の荷電 (エネルギー)} = a \text{ の荷電 (エネルギー)}$$

と決めるのである．ここに a はフェルミオンの単項式で $a|\mathrm{vac}\rangle$ は 0 でないものとする．双対 Fock 空間 $\mathcal{F}^*$ に対しては同様に

$$\langle \mathrm{vac}| \text{ の荷電 (エネルギー) } = 0$$
$$\langle \mathrm{vac}|a \text{ の荷電 (エネルギー)} = -\big(a \text{ の荷電 (エネルギー)}\big)$$

と定める (符号に注意)．Fock 空間の中で決まった荷電 l とエネルギー d とを持つ元の張る部分空間を

$$\begin{aligned}\mathcal{F}_l{}^{(d)} = \{\, & \psi_{m_1}\cdots\psi_{m_r}\psi^*_{n_1}\cdots\psi^*_{n_s}|\mathrm{vac}\rangle \mid m_1<\cdots<m_r,\ n_1<\cdots<n_s<0, \\ & \textstyle\sum m_i + \sum n_j = -d,\ r-s=l \,\} \text{ の線形包}\end{aligned}$$

とすれば，線形空間の直和分解 $\mathcal{F} = \oplus_l \mathcal{F}_l$, $\mathcal{F}_l = \oplus_d \mathcal{F}_l{}^{(d)}$ が成り立つ．双対空間についても同様である．

いま各整数 l に対して，真空を表すマヤ図形を一斉に l だけ右へ ($l<0$ なら $|l|$ だけ左へ) ずらした図形を考え，それに応じた $\mathcal{F}$ のベクトルを $|l\rangle = |l+1/2, l+3/2, l+5/2, \cdots\rangle$ と書こう．同様に (左右を取り替えて) $\mathcal{F}^*$ の元 $\langle l| = \langle \cdots, l-5/2, l-3/2, l-1/2|$ を定義する．いいかえれば次のようにおくの

である．

$$\langle l| = \begin{cases} \langle \mathrm{vac}|\psi_{1/2}\cdots\psi_{-l-1/2} & (l<0 \text{ のとき}) \\ \langle \mathrm{vac}| & (l=0 \text{ のとき}) \\ \langle \mathrm{vac}|\psi^*_{1/2}\cdots\psi^*_{l-1/2} & (l>0 \text{ のとき}) \end{cases}$$

$$|l\rangle = \begin{cases} \psi^*_{l+1/2}\cdots\psi^*_{-1/2}|\mathrm{vac}\rangle & (l<0 \text{ のとき}) \\ |\mathrm{vac}\rangle & (l=0 \text{ のとき}) \\ \psi_{-l+1/2}\cdots\psi_{-1/2}|\mathrm{vac}\rangle & (l>0 \text{ のとき}) \end{cases}$$

あきらかに，これらは決まった荷電 l をもつベクトルの中で最小のエネルギー $d=l^2/2$ を持っている．定義から

$$\langle l|\psi_n = 0 \ \ (n<-l), \qquad \langle l|\psi^*_n = 0 \ \ (n<l) \tag{4.16}$$

$$\psi_n|l\rangle = 0 \ \ (n>-l), \qquad \psi^*_n|l\rangle = 0 \ \ (n>l) \tag{4.17}$$

が成り立つことに注意しておこう．

§4.5 Wick の定理

Fock 空間とその双対の間のペアリングは，具体的な定義 (4.14) を忘れてもその性質 (4.15) によってただ一つに決まってゆくことを説明しよう．以下 $\langle \mathrm{vac}|a|\mathrm{vac}\rangle$ $(a\in\mathcal{A})$ を a の**真空期待値**と言い，$\langle a\rangle$ と略記する．このとき (4.15) および生成消滅作用素の定義から，次のことは直ちにわかる．

$$\langle 1\rangle = 1, \quad \langle\psi_n\rangle = 0, \quad \langle\psi^*_n\rangle = 0,$$

$$\langle\psi_m\psi_n\rangle = 0,\ \langle\psi^*_m\psi^*_n\rangle = 0,\ \langle\psi_m\psi^*_n\rangle = \delta_{m+n,0}\theta(n<0) \tag{4.18}$$

ただし，一般にある条件式 P (いまの場合 $n<0$) に対して記号 $\theta(P)$ は P が真のとき 1，そうでないとき 0 をあらわすものと約束する．

例えば (4.18) の最後の式は次のように見ればよい．明らかに左辺が 0 でないためには $n<0<m$ が必要であるが，そのときは (4.6) によって

$$\text{左辺} = \langle\delta_{m+n\,0} - \psi^*_n\psi_m\rangle = \delta_{m+n,0}\langle 1\rangle$$

同様にして計算を続けていくと次のようになる．

$$\langle \psi_k \psi_m \psi_n^* \rangle = 0$$
$$\langle \psi_k \psi_l \psi_m^* \psi_n^* \rangle = \langle \psi_k \psi_n^* \rangle \langle \psi_l \psi_m^* \rangle - \langle \psi_k \psi_m^* \rangle \langle \psi_l \psi_n^* \rangle$$
$$\cdots$$

この計算のやり方から，一般にも次のことは容易に想像がつくであろう．要するに (4.6) を使って消滅作用素を右へ，生成作用素を左へ運んで行けばよい．それぞれが真空ベクトルにぶつかったら 0 となる．ただし，フェルミオンの順序を交換する際には定数項のお釣が生じるので，最後に残った数の総和が真空期待値を与えるのである．したがって，ψ と ψ^* の単項式 a において，ψ の数と ψ^* の数が等しくなかったら $\langle a \rangle = 0$ となることがわかる．つまり $\mathcal{F}_k^*$ と $\mathcal{F}_l$ は $k \neq l$ なら直交する．(もっと詳しく $\mathcal{F}_k^{*(d)}$ と $\mathcal{F}_l{}^{(e)}$ は $k = l, d = e$ のとき以外は直交する.)

また同数個のときには ψ と ψ^* のあらゆる組合わせが勘定される．ただしフェルミオンを入れ替えるごとに符号が入ることに注意する必要がある．以上のことを定理の形にまとめておこう．フェルミオンの 1 次結合全体を $W = \left(\oplus_{n \in \mathbf{Z}} \mathbf{C} \psi_n\right) \oplus \left(\oplus_{n \in \mathbf{Z}} \mathbf{C} \psi_n^*\right)$ とおく．

定理 4.1 (Wick の定理) $w_1, \cdots, w_r \in W$ に対し

$$\langle w_1 \cdots w_r \rangle = \begin{cases} 0 & r \text{ 奇数のとき} \\ \sum_\sigma \mathrm{sgn}\sigma \langle w_{\sigma(1)} w_{\sigma(2)} \rangle \cdots \langle w_{\sigma(r-1)} w_{\sigma(r)} \rangle & r \text{ 偶数のとき} \end{cases}$$

ここに和は $\sigma(1) < \sigma(2), \cdots, \sigma(r-1) < \sigma(r)$, $\sigma(1) < \sigma(3) < \cdots < \sigma(r-1)$ を満たす置換 σ にわたって (言い換えれば w_i を 2 個ずつに組むあらゆる組みかたにわたって) とり，$\mathrm{sgn}\sigma$ は置換 σ の符号を表す． □

演習問題

4.1 関係式 $\psi^2 = \psi^{*2} = 0$, $[\psi, \psi^*]_+ = 1$ から 2 元 $\{\psi, \psi^*\}$ によって生成される Clifford 代数を考え，その Fock 表現 $\mathcal{F}$ を真空 $|\mathrm{vac}\rangle (\psi|\mathrm{vac}\rangle = 0)$ を用いて本文と同様に定める．このとき $\mathcal{F}$ の基底 $v_1 = |\mathrm{vac}\rangle$, $v_2 = \psi^*|\mathrm{vac}\rangle$ に関して ψ, ψ^* の作用がそれぞれ次の行列で表されることを示せ．

$$\psi \leftrightarrow \begin{pmatrix} 0 & 1 \\ 0 & 0 \end{pmatrix}, \qquad \psi^* \leftrightarrow \begin{pmatrix} 0 & 0 \\ 1 & 0 \end{pmatrix}$$

4.2 Wick の定理を $n=6$ の場合に正しく書き下してみよ．

4.3 $\langle \psi_{m_1} \cdots \psi_{m_s} \psi^*_{n_s} \cdots \psi^*_{n_1} \rangle = \det\Big(\langle \psi_{m_i} \psi^*_{n_j} \rangle \Big)$ を示せ．これを用いてペアリング (4.15) は $\mathcal{F}_l^* \times \mathcal{F}_l$ 上非退化であることを示せ．ただし，双線形写像 $F : V \times W \to \mathbf{C}$ が非退化であるとは

$$F(v,w)=0 \quad \forall w \in W \Longrightarrow v=0,$$
$$F(v,w)=0 \quad \forall v \in V \Longrightarrow w=0$$

が成り立つことをいう．

第5章

ボゾン・フェルミオンの等価性

ボゾンとフェルミオンはその構成の考え方において並行していたとはいえ，際立って性格が違うものである．それにもかかわらず，実は互いに一方が他方で実現できてしまう，というのがこの章の主題である．このような「離れ業」ができるためにはボゾンとフェルミオンの無限和を活用することが不可欠になる．母函数の導入により場の理論の雰囲気を垣間見ることにしよう．

§5.1 母函数の効用

計算を見通しよく系統的に進めるための大切な道具である**母函数**について説明したい．変数 k を導入してフェルミオンの母函数を，形式和

$$\psi(k) = \sum_{n\in\mathbf{Z}+1/2} \psi_n k^{-n-1/2}, \qquad \psi^*(k) = \sum_{n\in\mathbf{Z}+1/2} \psi_n^* k^{-n-1/2} \tag{5.1}$$

によって定める．こんご頻繁に形式和の間の等式を扱うけれども，例えば $\sum a_n k^n = \sum b_n k^n$ のような等式の意味は各係数の間の一連の等式 $a_n = b_n$ をまとめて書いたものと理解する．

例 5.1 母函数 (5.1) の真空期待値を計算してみよう．(4.18) を用いれば

$$\begin{aligned}\langle\psi(p)\psi^*(q)\rangle &= \sum_{m\in\mathbf{Z}+1/2}\sum_{n\in\mathbf{Z}+1/2}\langle\psi_m\psi_n^*\rangle p^{-m-1/2}q^{-n-1/2} \\ &= \sum_{n=0}^{\infty} p^{-n-1}q^n \end{aligned} \tag{5.2}$$

最後の式は

$$\langle\psi(p)\psi^*(q)\rangle = \frac{1}{p-q} \tag{5.3}$$

と書けば印象的だろう．ただしそれはあくまで (5.2) (つまり (5.3) の左辺の $|p|>|q|$ における展開) と解釈しなければならない． □

例 5.2 一般に Wick の定理により

$$\begin{aligned}\langle\psi(p_1)\cdots\psi(p_n)\psi^*(q_n)\cdots\psi^*(q_1)\rangle &= \det\Bigl(\langle\psi(p_i)\psi^*(q_j)\rangle\Bigr)\\ &= \det\Bigl(\frac{1}{p_i-q_j}\Bigr)\end{aligned}$$

が成り立つ．この右辺は有理函数として因数分解できて公式

$$\langle\psi(p_1)\cdots\psi(p_n)\psi^*(q_n)\cdots\psi^*(q_1)\rangle = \frac{\prod_{1\leqq i<j\leqq n}(p_i-p_j)(q_j-q_i)}{\prod_{1\leqq i,j\leqq n}(p_i-q_j)} \tag{5.4}$$

を得る．公式 (5.4) も $|p_1|>\cdots>|p_n|>|q_n|>\cdots>|q_1|$ における展開と理解する． □

注意 上の因数分解は Cauchy の恒等式と呼ばれる．
証明には，両辺に $\prod_{1\leqq i,j\leqq n}(p_i-q_j)$ を掛けた多項式が，$p_i=p_j$, $q_i=q_j$ $(i\neq j)$ に零点を持つことから $\prod_{1\leqq i<j\leqq n}(p_i-p_j)(q_j-q_i)$ で割り切れることを示す．後は両辺の次数と最高次係数の比較を行えばよい．

§5.2 正規積

われわれが微分作用素を扱うとき，微分を右へ，掛け算を左へと「標準的」な順序に (無意識に？) 書くのが普通である．一つの理由は，順序を付けないと書き方が一意的でない (例えば $\frac{\partial}{\partial x_n}x_n = x_n\frac{\partial}{\partial x_n}+1$) からであるが，特に上のような並べ方にすると無限和を含む作用素も意味を持ち得るのである．

例 5.3 $\sum_{n=1}^{\infty} nx_n\frac{\partial}{\partial x_n}$ は斉次 d 次式 $f(\mathbf{x})$ を $d\times f(\mathbf{x})$ にうつす，つまり次数

を測る作用素である．順序をかえて $\sum_{n=1}^{\infty} n\frac{\partial}{\partial x_n}x_n$ としたのでは定数 1 に作用しても $\sum_{n=1}^{\infty} n\left(1+x_n\frac{\partial}{\partial x_n}\right)\cdot 1=\infty$ となって意味を失う． □

そこで便宜のために記号を導入しよう．一般に，微分・掛け算作用素の多項式 p に対し，記号 $:p:$ を帰納的に次の規則によって定める．

- $:p:$ は p について線形，かつ $::$ のなかでは微分も掛け算もすべて互いに可換とみなす．
- $:1:=1$，$:p\cdot\frac{\partial}{\partial x_n}:=:p:\ \frac{\partial}{\partial x_n}$，$:x_n\cdot p:=x_n\ :p:$

記号 $:p:$ のことを p の**正規積**，ないし**正規順序積**と呼ぶ．

例 5.4

$$:x_n\frac{\partial}{\partial x_n}:=:\frac{\partial}{\partial x_n}x_n:=x_n\frac{\partial}{\partial x_n}$$

$$:\mathrm{e}^{x_n+\partial/\partial x_n}:=\ \mathrm{e}^{x_n}\mathrm{e}^{\partial/\partial x_n}$$

厳密にいえば e^{x_n} は多項式に施すと多項式からはみ出してしまうが，$\mathrm{e}^{\partial/\partial x_n}$ の方はずらしの作用素 $f(\mathbf{x})\mapsto f(\cdots,x_n+1,\cdots)$ として多項式の上で正当な意味がある． □

並行して，Clifford 代数の元 $a\in\mathcal{A}$ に対してもフェルミオンの意味での正規積 $:a:\in\mathcal{A}$ の概念を導入しよう．(ボゾンのときと同じ記号 $::$ を使うことにするが，紛らわしいときは: $:_B$, $::_F$ のように添字 B (ボゾン)，F (フェルミオン) を付けて区別する.) 規則は次の通りである．

- $:a:$ は a について線形，かつ $::$ のなかではフェルミオンはすべて互いに**反可換**とみなす．
- $:1:=1$，$:a\cdot\varphi:=:a:\ \varphi$ (φ が消滅作用素のとき)，$:\varphi^*\cdot a:=\varphi^*:a:$ (φ^* が生成作用素のとき)．

例えばフェルミオンの 2 次式に対しては

$$
\begin{aligned}
:\psi_m\psi_n^*:&=\begin{cases}\psi_m\psi_n^* & (m<0 \text{ または } n>0 \text{ のとき})\\ -\psi_n^*\psi_m & (m>0 \text{ または } n<0 \text{ のとき})\end{cases}\\
&=\psi_m\psi_n^*-\langle\psi_m\psi_n^*\rangle
\end{aligned}
\tag{5.5}
$$

重要なことは，正規積の形ならば無限和を含む表式でも Fock 空間上の作用素として意味を持ち得ることである．その実例を次節で見るだろう．

§5.3 ボゾンの実現

整数 $n \in \mathbf{Z}$ に対して作用素 H_n を次の母函数表示によって導入しよう．

$$\sum_{n \in \mathbf{Z}} H_n k^{-n-1} = :\psi(k)\psi^*(k): \tag{5.6}$$

k の各ベキの係数を比較すれば

$$H_n = \sum_{j \in \mathbf{Z}+1/2} :\psi_{-j}\psi^*_{j+n}: \tag{5.7}$$

となっている．Fock 空間の任意の元 $|u\rangle$ は真空にフェルミオンを有限個積み上げた形であるから，$:\psi_{-j}\psi^*_{j+n}:\ |u\rangle$ は有限個の j を除いて 0 になる．つまり与えられた $|u\rangle$ ごとに $H_n|u\rangle$ は実は有限和である．

作用素 (5.7) の間の交換関係を調べよう．恒等式

$$[AB, C] = A[B, C]_+ - [A, C]_+ B \tag{5.8}$$

$$= A[B, C] + [A, C]B \tag{5.9}$$

に注意する．(5.8) を用いて計算すると，フェルミオンとの間に次の交換関係を得る．

$$[H_n, \psi_m] = \psi_{m+n}, \qquad [H_n, \psi^*_m] = -\psi^*_{m+n} \tag{5.10}$$

さらに (5.9) と (5.10) を利用することにより

$$[H_m, H_n] = m\delta_{m+n,0} \tag{5.11}$$

となることがわかる (演習問題 5.1). 交換子がすべて数になっている点は，ボゾンの交換関係とよく似ているではないか．実際，$n = 1, 2, \cdots$ に対し $a_n = H_n$, $na^*_n = H_{-n}$ とおいて書き直せば，(5.11) は正準交換関係 (4.2) そのものになっている．つまり，無限和を許したことによって，ボゾンがフェルミオンで実現できてしまった！

(5.7) のうち H_0 だけは他の H_n すべてと可換で孤立しているが，$n = 0$ として (5.10) を繰り返し適用すれば，H_0 は次の意味で荷電を測る作用素であることがわかる．

$$a \text{ の荷電} = l \iff [H_0, a] = la$$

§5.4 Fock 空間の同型

定義から各 H_n は荷電 0，エネルギー $-n$ を持っている．特に荷電 l の部分空間 $\mathcal{F}_l$ をそれ自身にうつすことに注意しよう．それぞれの $\mathcal{F}_l$ が自然にボゾンの Fock 空間 $\mathbf{C}[x_1, x_2, x_3, \cdots]$ と同一視できることを説明したい．すべての荷電を一斉に扱うために，あらたに変数 z を導入して空間

$$\mathbf{C}[z, z^{-1}, x_1, x_2, x_3, \cdots] = \bigoplus_{l \in \mathbf{Z}} z^l \mathbf{C}[x_1, x_2, x_3, \cdots] \tag{5.12}$$

を考える．また

$$H(\mathbf{x}) = \sum_{n=1}^{\infty} x_n H_n \tag{5.13}$$

と定義する．すべての l について

$$H(\mathbf{x})|l\rangle = 0 \tag{5.14}$$

であることに注意しておこう．

いま $|u\rangle \in \mathcal{F}$ に対して $z^{\pm 1}$, $\mathbf{x}$ の多項式

$$\Phi(|u\rangle) = \sum_{l \in \mathbf{Z}} z^l \ \langle l|\mathrm{e}^{H(\mathbf{x})}|u\rangle \tag{5.15}$$

を定義しよう．$|u\rangle$ が一定の荷電 m を持つ元ならば，右辺は $l = m$ の 1 項だけが生き残る．右辺が実際多項式を与えていることは，もう少し後で具体例に即して見ることにし，先に主張を述べよう．

定理 5.1 (Fock 空間の同型) 対応

$$\Phi \ : \ \mathcal{F} \longrightarrow \mathbf{C}[z, z^{-1}, x_1, x_2, x_3, \cdots], \qquad |u\rangle \mapsto \Phi(|u\rangle) \tag{5.16}$$

は線形空間の同型写像である．さらに

$$\Phi\Big(H_n|u\rangle\Big) = \begin{cases} \dfrac{\partial}{\partial x_n}\Phi\Big(|u\rangle\Big) & (n > 0 \text{ のとき}) \\ -nx_{-n}\Phi\Big(|u\rangle\Big) & (n < 0 \text{ のとき}) \end{cases} \tag{5.17}$$

が成り立つ．

〔証明〕 $n > 0$ ならば H_n は互いに可換であることに注意すると，

$$\frac{\partial}{\partial x_n}\langle l|\mathrm{e}^{H(\mathbf{x})}|u\rangle = \langle l|\frac{\partial}{\partial x_n}\mathrm{e}^{H(\mathbf{x})}|u\rangle$$
$$= \langle l|\mathrm{e}^{H(\mathbf{x})}H_n|u\rangle$$

となって (5.17) の前半がわかる．また

$$\langle l|\mathrm{e}^{H(\mathbf{x})}H_{-n}|u\rangle = \langle l|\mathrm{e}^{H(\mathbf{x})}H_{-n}\mathrm{e}^{-H(\mathbf{x})}\mathrm{e}^{H(\mathbf{x})}|u\rangle \tag{5.18}$$

であるが，$[H(\mathbf{x}), H_{-n}] = nx_n$ を用いると

$$\mathrm{e}^{H(\mathbf{x})}H_{-n}\mathrm{e}^{-H(\mathbf{x})} = H_{-n} + [H(\mathbf{x}), H_{-n}] + \frac{1}{2!}[H(\mathbf{x}), [H(\mathbf{x}), H_{-n}]] + \cdots$$
$$= H_{-n} + nx_n$$

一方，(4.16) により $\langle l|H_{-n} = 0$ となっている．よって (5.18) の右辺は

$$\langle l|\Big(H_{-n} + nx_n\Big)\mathrm{e}^{H(\mathbf{x})}|u\rangle = nx_n\langle l|\mathrm{e}^{H(\mathbf{x})}|u\rangle$$

となり，(5.17) の後半が従う．

特に $|u\rangle = |l\rangle$ に対しては (5.14) から$\Phi\Big(|l\rangle\Big) = z^l$ となっている．これに H_{-n} を繰り返し施してゆけば$\Phi\Big(|u\rangle\Big)$ の形で $z^l\times$(任意の多項式) を得ることができる．ゆえに (5.15) は全射であることがいえた．単射であることは次数の勘定の議論からわかるのだが，ここでは省略する (演習問題 5.5 を見よ)． ∎

上の写像 (5.15) によって Fock 空間 $\mathcal{F}$ の個々のベクトルがどんな多項式に写されるかを実例で見てみたい．定義 (5.13) と交換関係 (5.10) とから

$$[H(\mathbf{x}), \psi(k)] = \xi(\mathbf{x}, k)\psi(k), \qquad [H(\mathbf{x}), \psi^*(k)] = -\xi(\mathbf{x}, k)\psi^*(k)$$

が得られる．ただし $\xi(\mathbf{x}, k) = \sum_{n=1}^{\infty} k^n x_n$ であった ((2.18) 参照)．したがって，(5.18) の下の式と同様の計算により

$$\mathrm{e}^{H(\mathbf{x})}\psi(k)\mathrm{e}^{-H(\mathbf{x})} = \mathrm{e}^{\xi(\mathbf{x},k)}\psi(k), \quad \mathrm{e}^{H(\mathbf{x})}\psi^*(k)\mathrm{e}^{-H(\mathbf{x})} = \mathrm{e}^{-\xi(\mathbf{x},k)}\psi^*(k) \tag{5.19}$$

となる．ここで

$$\mathrm{e}^{\xi(\mathbf{x},k)} = \sum_{n=0}^{\infty} p_n(\mathbf{x})k^n \tag{5.20}$$
$$= 1 + x_1k + \Big(x_2 + \frac{x_1^2}{2}\Big)k^2 + \Big(x_3 + x_2x_1 + \frac{x_1^3}{6}\Big)k^3 + \cdots$$

とおけば (5.19) および (5.20) で $\mathbf{x}$ を $-\mathbf{x}$ とした式により

$$
\begin{aligned}
\mathrm{e}^{H(\mathbf{x})}\psi_n\mathrm{e}^{-H(\mathbf{x})} &= \sum_{j=0}^{\infty}\psi_{n+j}p_j(\mathbf{x}) \\
&= \psi_n + x_1\psi_{n+1} + \left(x_2 + \frac{x_1^2}{2}\right)\psi_{n+2} + \cdots, \qquad (5.21) \\
\mathrm{e}^{H(\mathbf{x})}\psi_n^*\mathrm{e}^{-H(\mathbf{x})} &= \sum_{j=0}^{\infty}\psi_{n+j}^*p_j(-\mathbf{x}) \\
&= \psi_n^* - x_1\psi_{n+1}^* + \left(-x_2 + \frac{x_1^2}{2}\right)\psi_{n+2}^* + \cdots. \qquad (5.22)
\end{aligned}
$$

これらを使えば $\Phi\Big(|u\rangle\Big)$ の表す多項式を求めることができる.

例 5.5 ベクトル $|u\rangle = \psi_{-5/2}|\mathrm{vac}\rangle$ をとれば

$$
\begin{aligned}
\Phi\Big(\psi_{-5/2}|\mathrm{vac}\rangle\Big) &= z\langle 1|\mathrm{e}^{H(\mathbf{x})}\psi_{-5/2}|\mathrm{vac}\rangle \\
&= z\langle \mathrm{vac}|\psi_{1/2}^*\mathrm{e}^{H(\mathbf{x})}\psi_{-5/2}\mathrm{e}^{-H(\mathbf{x})}|\mathrm{vac}\rangle \\
&= z \times \left(x_2 + \frac{x_1^2}{2}\right)
\end{aligned}
$$

最後のステップで (5.21) を用いた.

同様にして $|u\rangle = \psi_{-3/2}\psi_{-3/2}^*|\mathrm{vac}\rangle$ は

$$
\begin{aligned}
\Phi\Big(\psi_{-3/2}\psi_{-3/2}^*|\mathrm{vac}\rangle\Big) &= \langle \mathrm{vac}|\mathrm{e}^{H(\mathbf{x})}\psi_{-3/2}\mathrm{e}^{-H(\mathbf{x})}\mathrm{e}^{H(\mathbf{x})}\psi_{-3/2}^*\mathrm{e}^{-H(\mathbf{x})}|\mathrm{vac}\rangle \\
&= \langle \mathrm{vac}|\left(\psi_{-3/2} + x_1\psi_{-1/2} + \left(x_2 + \frac{x_1^2}{2}\right)\psi_{1/2} + \cdots\right) \\
&\quad \times\Big(\psi_{-3/2}^* - x_1\psi_{-1/2}^* + \cdots\Big)|\mathrm{vac}\rangle \\
&= \left(x_3 + x_2x_1 + \frac{x_1^3}{6}\right)\cdot 1 + \left(x_2 + \frac{x_1^2}{2}\right)\cdot(-x_1) \\
&= x_3 - \frac{x_1^3}{3}
\end{aligned}
$$

となる. □

計算の手続きから, 一般にも答が多項式になることはあきらかであろう.

§5.5 フェルミオンの実現

定理 5.1 により，フェルミオンの Fock 空間とボゾンのそれとが同一視できる．とすれば，前者に働いているフェルミオンの作用を，後者に働く作用素として実現できるはずである．それを実行してみたい．

いささか天下りだが，空間 (5.12) に働く作用素 k^{H_0}, e^K をそれぞれ

$$\left(k^{H_0} f\right)(z, \mathbf{x}) \stackrel{\mathrm{def}}{=} f(kz, \mathbf{x}), \quad \left(\mathrm{e}^K f\right)(z, \mathbf{x}) \stackrel{\mathrm{def}}{=} z f(z, \mathbf{x})$$

によって導入し，

$$\begin{aligned} \Psi(k) &= \mathrm{e}^{\xi(\mathbf{x},k)} \mathrm{e}^{-\xi(\widetilde{\partial},k^{-1})} \mathrm{e}^K k^{H_0}, \\ \Psi^*(k) &= \mathrm{e}^{-\xi(\mathbf{x},k)} \mathrm{e}^{\xi(\widetilde{\partial},k^{-1})} \mathrm{e}^{-K} k^{-H_0} \end{aligned} \tag{5.23}$$

と定義しよう．ただし

$$\widetilde{\partial} = \left(\frac{\partial}{\partial x_1}, \frac{1}{2}\frac{\partial}{\partial x_2}, \frac{1}{3}\frac{\partial}{\partial x_3}, \cdots\right), \qquad \xi(\widetilde{\partial}, k^{-1}) = \sum_{n=1}^{\infty} \frac{1}{n}\frac{\partial}{\partial x_n} k^{-n}$$

とおいた．

H_0 は荷電を測る作用素だったから $k^{H_0} z^l = k^l z^l$ となるように記号 k^{H_0} を用いるのは自然だろう．記号 e^K は唐突であるが次のように考える．いま形式的にボゾンの母函数の「不定積分」 $\varphi(k)$ を

$$\varphi(k) = \sum_{n \neq 0} \frac{H_n}{-n} k^{-n} + H_0 \log k + K, \quad \frac{\mathrm{d}}{\mathrm{d}k}\varphi(k) = \sum_{n \in \mathbf{Z}} H_n k^{-n-1} \tag{5.24}$$

と定める．「積分定数」K 自身は作用素として定義されてはいないが，

$$[H_0, K] = 1, \quad [K, H_n] = 0 \ \ (n \neq 0) \tag{5.25}$$

と設定すれば，上の定義での e^K が H_n との間に持っている交換関係がこれから形式的に導かれる．さらに K を生成作用素，H_0 を消滅作用素と約束すれば (5.23) は

$$\Psi(k) =: \mathrm{e}^{\varphi(k)} :_B, \quad \Psi^*(k) =: \mathrm{e}^{-\varphi(k)} :_B$$

と書けて記憶しやすい．(巻末の補遺の注 2 参照)

上の準備のもとに，われわれの問題の答は次のようになる．

定理 5.2 (ボゾン=フェルミオン対応) フェルミオンの母函数 $\psi(k)$, $\psi^*(k)$ はボゾンの Fock 空間において (5.23) によって実現される．すなわち，任意の $|u\rangle \in \mathcal{F}$ に対し次が成り立つ．

$$\Phi\Big(\psi(k)|u\rangle\Big) = \Psi(k)\Phi\Big(|u\rangle\Big), \qquad \Phi\Big(\psi^*(k)|u\rangle\Big) = \Psi^*(k)\Phi\Big(|u\rangle\Big)$$

［証明］ 証明は同様であるから $\psi(k)$ について示す．定義によって

$$\Phi\Big(\psi(k)|u\rangle\Big) = \sum_l z^l \langle l|\mathrm{e}^{H(\mathbf{x})}\psi(k)|u\rangle = \mathrm{e}^{\xi(\mathbf{x},k)}\sum_l z^l\langle l|\psi(k)\mathrm{e}^{H(\mathbf{x})}|u\rangle$$

他方

$$\epsilon(k^{-1}) = \Big(\frac{1}{k}, \frac{1}{2k^2}, \frac{1}{3k^3}, \cdots\Big)$$

と書くことにすると，$\mathrm{e}^{-\xi(\widetilde{\partial},k^{-1})}$ は変数のずらし $f(\mathbf{x}) \mapsto f(\mathbf{x}-\epsilon(k^{-1}))$ として作用する．ゆえに次の補題に帰着する． ∎

補題 5.3

$$\langle l|\psi(k) = k^{l-1}\langle l-1|\mathrm{e}^{-H(\epsilon(k^{-1}))} \tag{5.26}$$

$$\langle l|\psi^*(k) = k^{-l-1}\langle l+1|\mathrm{e}^{H(\epsilon(k^{-1}))} \tag{5.27}$$

［証明］ 簡単のために $l=0$ としよう．一般の場合も同様である．(5.26) を示すには，任意の n について

$$\begin{aligned}&\langle\psi_{1/2}k^{-1}\mathrm{e}^{-H(\epsilon(k^{-1}))}\psi(p_1)\cdots\psi(p_{n-1})\psi^*(q_n)\cdots\psi^*(q_1)\rangle\\ &\quad = \langle\psi(k)\psi(p_1)\cdots\psi(p_{n-1})\psi^*(q_n)\cdots\psi^*(q_1)\rangle\end{aligned} \tag{5.28}$$

をいえばよい．ここで

$$\mathrm{e}^{\pm\xi(\epsilon(k^{-1}),p)} = (1-p/k)^{\mp 1}$$

に注意して，$\mathrm{e}^{-H(\epsilon(k^{-1}))}$ を右へ運べば (5.28) の左辺は

$$\frac{\prod_{i=1}^{n-1}(k-p_i)}{\prod_{j=1}^{n}(k-q_j)} \times \oint\frac{\mathrm{d}k}{2\pi\mathrm{i}}\langle\psi(k)\psi(p_1)\cdots\psi(p_{n-1})\psi^*(q_n)\cdots\psi^*(q_1)\rangle$$

と書ける．ここで積分は公式 (5.4)

$$\langle\psi(k)\psi(p_1)\cdots\psi(p_{n-1})\psi^*(q_n)\cdots\psi^*(q_1)\rangle$$
$$=\frac{\prod_{i=1}^{n-1}(k-p_i)}{\prod_{j=1}^{n}(k-q_j)}\times\frac{\prod_{1\leqq i<j\leqq n-1}(p_i-p_j)\prod_{1\leqq i<j\leqq n}(q_j-q_i)}{\prod_{1\leqq i\leqq n-1,1\leqq j\leqq n}(p_i-q_j)}$$

を $k=\infty$ で展開し，k^{-1} の係数をとれば良い．(5.28) の右辺についても上の公式を使えば主張は容易にわかる． ∎

演習問題

5.1 関係式 (5.11) を示せ．

5.2 $\Phi\Big(\psi_{-5/2}\psi^*_{-3/2}|\mathrm{vac}\rangle\Big)$ を計算せよ．

5.3 変数 x_n を n 次と数え，エネルギーが d である作用素を d 次と勘定すると $H(\mathbf{x})$ は全体で 0 次になる．このことと $\langle l|$ が $l^2/2$ 次であることに注意して，$|u\rangle\in\mathcal{F}_l{}^{(d)}$ に対応する多項式 $\Phi(|u\rangle)$ は $d-l^2/2$ 次式であることを示せ．

5.4 空間 $\mathcal{F}_l{}^{(d)}$ の次元の母函数

$$\mathrm{ch}\,\mathcal{F}\stackrel{\mathrm{def}}{=}\sum_{l\in\mathbf{Z},d\geqq l^2/2}\dim\left(\mathcal{F}_l{}^{(d)}\right)z^lq^d$$

を Fock 空間 $\mathcal{F}$ の指標という．Fock 空間の基底が (4.11) で与えられることを用いて，次の式を示せ．

$$\mathrm{ch}\,\mathcal{F}=\prod_{j>0,j\in\mathbf{Z}+1/2}(1+zq^j)(1+z^{-1}q^j)$$

5.5 ボゾンの Fock 空間を用いて指標を計算すると

$$\mathrm{ch}\,\mathcal{F}=\sum_{l\in\mathbf{Z}}z^lq^{l^2/2}\prod_{j=1}^{\infty}(1-q^j)^{-1}$$

となることを示せ．演習問題 5.3 とあわせて，これから次の恒等式 (Jacobi の三重積) を導け．

$$\prod_{j=1}^{\infty}(1-zq^{j-1})(1-z^{-1}q^j)(1-q^j)=\sum_{l\in\mathbf{Z}}(-z)^lq^{l(l-1)/2}$$

(逆にこの等式を既知とすれば写像 (5.16) の単射性が従う.)

第6章

変換群と τ 函数

はじめに，フェルミオンの 2 次式の全体は自然に無限次元の Lie 環の構造を持っていることを示す．この Lie 環に対応する群が KP 方程式の解を解にうつす変換群になることをこの章を費やして解説したい．幾何学的にいえば，この群によって真空ベクトルを動かしてできる軌道の各点が第 2 章の τ 函数になっている．函数全体という巨大な空間のなかで，部分多様体である軌道を定義する方程式こそが広田方程式に他ならない．

§6.1 群の作用とその軌道

空間に群が作用しているとき，空間の 1 点を群によって動かすとこの点の軌跡は空間内に一つの図形を描く．群が働いているという事実によって，図形は高い対称性を獲得することになるだろう．一般に，群 G がある集合 S に作用するとは，群の各元 $g \in G$ と集合の各元 $x \in S$ に対し $gx \in S$ なる元が定まって，条件 $(g_1 g_2)x = g_1(g_2 x)$ および $ex = x$ ($e \in G$ は単位元) が成り立つことをいう．このとき部分集合 $Gx = \{ gx \mid g \in G \} \subset S$ を元 x の G による**軌道**と称する．

例 6.1 行列

$$J = \begin{pmatrix} 1 & & \\ & -1 & \\ & & -1 \end{pmatrix}$$

を固定し，3×3 実行列からなる群

$$G = \{\, g \in \mathrm{Mat}(3, \mathbf{R}) \mid {}^{\mathrm{t}}gJg = J \,\} \tag{6.1}$$

を考える．この群による

$$\vec{x}_0 = \begin{pmatrix} 1 \\ 0 \\ 0 \end{pmatrix}$$

の軌道はどうなるか．ただちにわかるように，点 $\vec{x}_0$ は方程式

$${}^{\mathrm{t}}\vec{x}J\vec{x} \;\equiv\; x^2 - y^2 - z^2 = 1, \qquad \vec{x} = \begin{pmatrix} x \\ y \\ z \end{pmatrix} \tag{6.2}$$

で定義される2葉双曲面の上にのっている．他方，群の定義そのものから，$g \in G$ ならば

$${}^{\mathrm{t}}\Big(g\vec{x}_0\Big)J\Big(g\vec{x}_0\Big) = {}^{\mathrm{t}}\vec{x}_0{}^{\mathrm{t}}gJg\vec{x}_0 = {}^{\mathrm{t}}\vec{x}_0J\vec{x}_0 = 1$$

となる．軌道 $G\vec{x}_0$ は2葉双曲面 (6.2) になっている (演習問題 6.1 参照)． □

無限次元の空間におけるある無限次元の群による軌跡がこの章の中心テーマである．

§6.2 2次式のなす Lie 環 $\mathfrak{gl}(\infty)$

フェルミオンの1次結合全体を W としよう．フェルミオンの基本性質は，任意の2元 $w, w' \in W$ に対しその反交換子 $[w, w']_+$ が数 (つまり $\mathbf{C}$ の元) になることであった．いま2次式どうしの**交換子** (反交換子ではない) を計算してみると，

$$\begin{aligned}
[w_1w_2, w_3w_4] &= w_1[w_2, w_3w_4] + [w_1, w_3w_4]w_2 \\
&= w_1[w_2, w_3]_+w_4 - w_1w_3[w_2, w_4]_+ \\
&\quad + [w_1, w_3]_+w_4w_2 - w_3[w_1, w_4]_+w_2
\end{aligned}$$

を得る．右辺は再びフェルミオンの2次式である．したがって，$\mathcal{A}$ の線形部分空間 $W^{(2)} = \{\sum_{i,j} w_iw_j \in \mathcal{A} \mid w_i \in W\}$ は交換子について閉じている，すなわち

Lie 環になっていることがわかった．なお $W^{(2)}$ は特に $[w,w']_+$ のかたちで $\mathbf{C}$ を含んでいることに注意しよう．

いま，特に $W^{(2)}$ のうちで荷電 0 の元のなす部分空間を考える．これらの元は

$$\sum_{m,n\in\mathbf{Z}+1/2} a_{mn}\psi_{-m}\psi_n^* \;+\; a_0 \qquad (a_{mn}, a_0\in\mathbf{C}) \tag{6.3}$$

の形に一意的に書ける．上の計算を実行すると

$$[\psi_{-m}\psi_n^*, \psi_{-m'}\psi_{n'}^*] = \delta_{nm'}\psi_{-m}\psi_{n'}^* - \delta_{n'm}\psi_{-m'}\psi_n^* \tag{6.4}$$

となる．これを (m,n) 成分のみ 1 で他は 0 である無限行列

$$E_{mn} = (\delta_{im}\delta_{jn})_{i,j\in\mathbf{Z}+1/2}$$

と比べてみよう．普通の行列の計算から $E_{mn}E_{m'n'} = \delta_{nm'}E_{mn'}$ となり，したがって (6.4) は交換子に関して行列 E_{mn} が満たすのと同一の関係を与えていることがわかる．

われわれは (6.3) を拡張して，前章 (5.7) で導入した H_n を特別な場合として含むような無限和も考えたい．このような無限和を扱うためにはフェルミオンを正規積の形にしておく必要があった．そこで無限行列 $A=(a_{mn})_{m,n\in\mathbf{Z}+1/2}$ に対し (6.3) のフェルミオンを正規積でおきかえた

$$X_A = \sum_{m,n} a_{mn} : \psi_{-m}\psi_n^* : \tag{6.5}$$

を考える．

修正 (6.5) によって交換関係がどう影響されるかを調べておきたい．ひとまず (6.5) は有限和であるとしよう．正規積 $:\psi_{-m}\psi_n^*:$ は $\psi_{-m}\psi_n^*$ と定数差しかないことに注意すれば，

$$\begin{aligned}
[X_A, X_B] &= \sum a_{ij}b_{kl}[\psi_{-i}\psi_j^*, \psi_{-k}\psi_l^*] \\
&= \sum a_{ij}b_{kl}(\delta_{jk}\psi_{-i}\psi_l^* - \delta_{li}\psi_{-k}\psi_j^*) \\
&= \sum a_{ij}b_{jl}\,(:\psi_{-i}\psi_l^*: + \delta_{il}\theta(i<0)) \\
&\quad - \sum b_{ki}a_{ij}\,(:\psi_{-k}\psi_j^*: + \delta_{kj}\theta(j<0)) \\
&= X_{[A,B]} + \omega(A,B)
\end{aligned} \tag{6.6}$$

ただし

$$\omega(A,B) = \sum a_{ij}b_{ji}\,(\theta(i<0) - \theta(j<0)) = -\omega(B,A) \tag{6.7}$$

すなわち，行列の交換子 $[A,B]$ にくらべ，定数 $\omega(A,B)$ だけのずれが生じたわけである．ここで，行列に次の条件を課そう．

$$\text{ある } N>0 \text{ があって，} \quad |i-j|>N \text{ なら} \quad a_{ij}=0 \tag{6.8}$$

たとえば H_n の係数行列 $a_{ij}=\delta_{i+n\,j}$ は (6.8) の一例である．この条件を満たす無限行列どうしの交換子や (6.7) の計算にはともに有限和しか起らない (図 6.1 を見よ)．

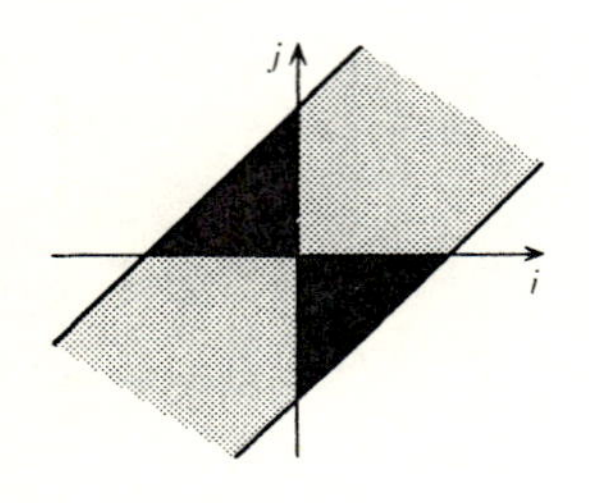

図 6.1 条件 (6.8)．例えば (6.7) の和は黒の部分にわたる．

H_n の場合と同様にして， Fock 空間の任意の元 $|u\rangle$ に対し $X_A|u\rangle$ には有限個しか 0 でない項が残らないこともわかる．

定義 6.1 線形空間

$$\mathfrak{gl}(\infty)=\{X_A \mid A \text{ は (6.8) を満たす }\}\oplus\mathbf{C} \tag{6.9}$$

に (6.6) で交換子を定めた Lie 環を $\mathfrak{gl}(\infty)$ と呼ぶ． □

(6.6) で定義された $[\ ,\ ]$ が Jacobi の恒等式を満足することは，式 (6.7) の $\omega(A,B)$ がもつ次の性質 (cocycle condition という) によって保証される (演習問題 6.2)．

$$\omega(A,[B,C])+\omega(B,[C,A])+\omega(C,[A,B])=0 \tag{6.10}$$

ちなみに $\mathfrak{gl}(\infty)$ の元との交換子から，フェルミオンの間に線形変換

$$[X_A,\psi_{-n}]=\sum_m a_{mn}\psi_{-m}, \quad [X_A,\psi^*_n]=\sum_m(-a_{nm})\psi^*_m \tag{6.11}$$

が引き起こされることに注意しておこう (右辺は有限和)．ψ に対する変換行列と ψ^* に対するそれとがちょうど反傾 (A と $-{}^{\mathrm{t}}A$ の関係) であるから，任意の $\langle u|$, $\langle u'|$, $|v\rangle$, $|v'\rangle$ に対して

$$\sum_{n\in\mathbf{Z}+1/2}\left(\langle u|X_A\psi_{-n}|v\rangle\langle u'|\psi_n^*|v'\rangle+\langle u|\psi_{-n}|v\rangle\langle u'|X_A\psi_n^*|v'\rangle\right)$$
$$=\sum_{n\in\mathbf{Z}+1/2}\left(\langle u|\psi_{-n}X_A|v\rangle\langle u'|\psi_n^*|v'\rangle+\langle u|\psi_{-n}|v\rangle\langle u'|\psi_n^*X_A|v'\rangle\right) \tag{6.12}$$

が成り立つことがわかる．この事実はあとで用いる．

$\mathfrak{gl}(\infty)$ の元は荷電 0 を持つので，各 $\mathcal{F}_l$ はその作用で閉じている；すなわち $\mathcal{F}_l$ は Lie 環 $\mathfrak{gl}(\infty)$ の表現空間になっている．ボゾン=フェルミオン対応によって，この表現を $\mathbf{x}$ の函数 (多項式) の空間に翻訳しておこう．それには母函数に対する表示 (定理 5.2) を用いて $\psi(p)\psi^*(q)$ を考えればよい．

$$\Psi(p)\Psi^*(q)=\mathrm{e}^{\xi(\mathbf{x},p)}\mathrm{e}^{-\xi(\widetilde{\partial},p^{-1})}\mathrm{e}^{-\xi(\mathbf{x},q)}\mathrm{e}^{\xi(\widetilde{\partial},q^{-1})}\mathrm{e}^{K}p^{H_0}\mathrm{e}^{-K}q^{-H_0}$$

において，

$$\mathrm{e}^{-\xi(\widetilde{\partial},p^{-1})}\mathrm{e}^{-\xi(\mathbf{x},q)}=\frac{1}{1-q/p}\mathrm{e}^{-\xi(\mathbf{x},q)}\mathrm{e}^{-\xi(\widetilde{\partial},p^{-1})}$$

および $p^{H_0}\mathrm{e}^{-K}=p^{-1}\mathrm{e}^{-K}p^{H_0}$ を用いれば，次の表示に到達する．

$$\Psi(p)\Psi^*(q)=\frac{1}{p-q}\mathrm{e}^{\xi(\mathbf{x},p)-\xi(\mathbf{x},q)}\mathrm{e}^{-\xi(\widetilde{\partial},p^{-1})+\xi(\widetilde{\partial},q^{-1})}p^{H_0}q^{-H_0}$$

特に荷電 $l=0$ に限れば $p^{H_0}q^{-H_0}$ は恒等写像として働くから考えなくてよい．このとき (5.3) と (5.5) を考慮すれば，$:\psi(p)\psi^*(q):$ は第 3 章に出てきた KP 方程式の頂点作用素 (3.17) を用いて

$$Z(p,q)=\frac{1}{p-q}\left(X(p,q)-1\right) \tag{6.13}$$

と表される．以上をまとめると次のことがわかった．

定理 6.1 ($\mathfrak{gl}(\infty)$ の頂点作用素表現) ボゾンの Fock 空間 $\mathbf{C}[x_1,x_2,x_3,\cdots]$ 上に作用する作用素 Z_{ij} を母函数

$$Z(p,q)=\sum_{i,j\in\mathbf{Z}+1/2}Z_{ij}p^{-i-1/2}q^{-j-1/2} \tag{6.14}$$

によって定める．このとき

$$\sum_{m,n}a_{mn}:\psi_{-m}\psi_n^*:\ \mapsto\ \sum_{m,n}a_{mn}Z_{-mn}$$

は Lie 環 $\mathfrak{gl}(\infty)$ の $\mathbf{C}[x_1,x_2,x_3,\cdots]$ 上の表現を与える． □

§6.3　KP 階層の変換群

ボゾン=フェルミオン対応を用いて KP 階層を定義する線形方程式系と τ 函数を統一的に構成できることをこれから順次説明して行きたい.

Lie 環 $\mathfrak{gl}(\infty)$ に対応する群を

$$\mathbf{G} \overset{\mathrm{def}}{=} \{ \mathrm{e}^{X_1}\mathrm{e}^{X_2}\cdots\mathrm{e}^{X_k} \mid X_i \in \mathfrak{gl}(\infty) \} \tag{6.15}$$

としよう. (この e^X が意味を持つかどうかは少し吟味が必要だが, ここではその議論には立ち入らない.) われわれは群 (6.15) による真空ベクトルの**軌道** (orbit)

$$\mathbf{G}|\mathrm{vac}\rangle = \{ g|\mathrm{vac}\rangle \mid g \in \mathbf{G} \} \tag{6.16}$$

を考察の対象とする. 軌道 (6.16) の元をボゾン=フェルミオン対応によって函数とみなしたもの, すなわち

$$\tau(\mathbf{x}) = \tau(\mathbf{x}; g) = \langle\mathrm{vac}|\mathrm{e}^{H(\mathbf{x})}g|\mathrm{vac}\rangle \tag{6.17}$$

の形の函数を τ **函数**と呼ぼう. 並行して, $g \in \mathbf{G}$ に対し, **波動函数** $w(\mathbf{x},k)$ および**双対波動函数** $w^*(\mathbf{x},k)$ を次の式で導入する.

$$w(\mathbf{x},k) = \frac{\langle 1|\mathrm{e}^{H(\mathbf{x})}\psi(k)g|\mathrm{vac}\rangle}{\langle\mathrm{vac}|\mathrm{e}^{H(\mathbf{x})}g|\mathrm{vac}\rangle} \tag{6.18}$$

$$w^*(\mathbf{x},k) = \frac{\langle -1|\mathrm{e}^{H(\mathbf{x})}\psi^*(k)g|\mathrm{vac}\rangle}{\langle\mathrm{vac}|\mathrm{e}^{H(\mathbf{x})}g|\mathrm{vac}\rangle} \tag{6.19}$$

(5.19) および関係式 (5.26), (5.27) に注意すれば, これらは第3章 (3.21), (3.22) によって τ 函数から作られたものと一致することがわかる. 表示 (6.17)-(6.19) から出発して双線形恒等式を再び導いてみよう.

定理 6.2

$$\mathrm{Res}_{k=\infty}\Big(w^*(\mathbf{x},k)w(\mathbf{x}',k)\Big) = 0 \quad \forall \mathbf{x},\mathbf{x}' \tag{6.20}$$

[証明]　はじめに $g \in \mathbf{G}$ ならば

$$\sum_{n\in\mathbf{Z}+1/2}\langle u|g\psi_{-n}|v\rangle\langle u'|g\psi_n^*|v'\rangle = \sum_{n\in\mathbf{Z}+1/2}\langle u|\psi_{-n}g|v\rangle\langle u'|\psi_n^*g|v'\rangle$$

が成り立つことに注意しよう. 実際 $g = \mathrm{e}^{X_A}$ のとき, この式はその無限小版である (6.11) の帰結であり, 一般にはそれを繰り返し使えばよい. 任意の n につ

いて ψ_{-n}, ψ_n^* の一方は必ず消滅作用素ゆえ，上の式を用いて

$$
\begin{aligned}
&-\operatorname{Res}_{k=\infty}\Big(\langle u|\psi^*(k)g|\mathrm{vac}\rangle\langle u'|\psi(k)g|\mathrm{vac}\rangle\Big)\\
&=\sum_{n\in\mathbf{Z}+1/2}\langle u|\psi_n^* g|\mathrm{vac}\rangle\langle u'|\psi_{-n}g|\mathrm{vac}\rangle\\
&=\sum_{n\in\mathbf{Z}+1/2}\langle u|g\psi_n^*|\mathrm{vac}\rangle\langle u'|g\psi_{-n}|\mathrm{vac}\rangle\\
&=0
\end{aligned}
$$

が得られる．$\langle u| = \langle 1|\mathrm{e}^{H(\mathbf{x})}$, $\langle u'| = \langle -1|\mathrm{e}^{H(\mathbf{x}')}$ ととれば求める式となる． ∎

例 6.2 KP 方程式の多項式解の例を一つ計算してみよう．a, b を定数として，$X = a\psi_{-1/2}\psi^*_{-3/2} + b\psi_{-3/2}\psi^*_{-1/2}$ に対応する群の元は

$$g = \mathrm{e}^X = 1 + a\psi_{-1/2}\psi^*_{-3/2} + b\psi_{-3/2}\psi^*_{-1/2} + ab\psi_{-1/2}\psi^*_{-3/2}\psi_{-3/2}\psi^*_{-1/2}$$

である．このとき

$$
\begin{aligned}
&\langle\psi_{-1/2}(\mathbf{x})\psi^*_{-3/2}(\mathbf{x})\rangle = x_2 - \frac{1}{2}x_1^2, \qquad \langle\psi_{-3/2}(\mathbf{x})\psi^*_{-1/2}(\mathbf{x})\rangle = x_2 + \frac{1}{2}x_1^2,\\
&\langle\psi_{-1/2}(\mathbf{x})\psi^*_{-3/2}(\mathbf{x})\psi_{-3/2}(\mathbf{x})\psi^*_{-1/2}(\mathbf{x})\rangle = -x_1x_3 + x_2^2 + \frac{x_1^4}{12} \qquad (6.21)
\end{aligned}
$$

となる (最後の式は Wick の定理を用いて計算した)．ゆえに求める τ 函数は

$$\tau(\mathbf{x}; g) = 1 + a\left(x_2 - \frac{1}{2}x_1^2\right) + b\left(x_2 + \frac{1}{2}x_1^2\right) + ab\left(-x_1x_3 + x_2^2 + \frac{x_1^4}{12}\right).$$

因みに a, b は任意であるから特に $a, b \to \infty$ として (6.21) 自身も KP 方程式系の解になる． □

すでに第 3 章の末尾で示したように，(6.20) から $w(\mathbf{x}, k)$ が変数 $x_1, x_2, x_3, \cdots$ に関して一連の Lax 型の線形方程式 (2.20) を満たさねばならないことがいえる．また，同等な式 (3.20) から直接に τ 函数に関する広田型微分方程式の階層を導くことができることもすでに見てきた．実は逆に双線形恒等式を満たす多項式 $\tau(\mathbf{x})$ は必ずある $g \in \mathbf{G}$ によって (6.17) の形に書けることもいえる (第 9 章参照)．そうだとすれば，τ 函数とは結局群 $\mathbf{G}$ による $|\mathrm{vac}\rangle$ の軌道の上の点であり，広田の微分方程式にせよ，波動函数に対する線形方程式の形にせよ，KP 階層とはその軌道を特徴づける関係式に他ならない．整理してみれば，われわれは次の描像を得たわけである．

$$\text{フェルミオン Fock 空間} \quad \supset \quad \mathbf{G}|\mathrm{vac}\rangle$$

$$\text{ボゾン} \quad \mathbf{C}[x_1, x_2, x_3, \cdots] \quad \supset \quad \{\tau\text{函数}\}$$

定義によって群 **G** は軌道上に自然に働いている．ソリトン解の構成の際に天下りに導入した頂点作用素 (6.14) は，フェルミオンの言葉では Lie 環の生成元である 2 次式に他ならず，軌道の無限小変換として働く．言い換えれば頂点作用素は KP 階層の解 (τ 函数) の無限小変換を与えている．

演習問題

6.1 (6.1) が群になることを確かめよ．また $\vec{x}_0$ の軌道が (6.2) に一致することを示せ．

6.2 (6.8) を満たす任意の A, B, C に対して cocycle condition (6.10) が成り立つことを確かめよ．

6.3 (6.21) を導き，それを KP 方程式 (3.13) に代入して 0 になることを直接確かめよ．

第7章

KdV 方程式の変換群

KP 階層の高みを下って，その特殊化である KdV 階層へ立ち戻る．解のつくる世界が狭くなれば，それに応じて変換群も小さくなる．KdV 階層の無限小変換として現れるアフィン Lie 環 $\widehat{\mathfrak{sl}_2}$ を紹介しよう．

§7.1 KP 階層と KdV 階層

第 2 章と第 3 章で調べた KP 階層と KdV 階層のいろいろな側面を対比しつつ，ここにまとめてみたい．どちらも次の形の線形方程式系

$$\frac{\partial w}{\partial x_n} = (L^n)_+ w, \quad Lw = kw, \tag{7.1}$$

$$L = \partial + f_1\partial^{-1} + f_2\partial^{-2} + \cdots$$

の両立条件から従う非線形の微分方程式系として導入されるのだった．これらは共に広田型にも書くことができ，任意の n について n ソリトン解を持つ．例えば 2 ソリトン解は

$$\tau = 1 + c_1 e^{\xi_1} + c_2 e^{\xi_2} + c_1 c_2 a_{12} e^{\xi_1 + \xi_2}$$

の形になる．詳しくは表 7.1 のようになっていた．

KdV 階層は KP 階層の特殊化として得られる．擬微分作用素の言葉でいうとその条件が L^2 =微分作用素，と述べられることは第 2 章で説明した．線形方程式系 (7.1) から明らかに，このとき (3.23) における w の展開係数 w_l は偶数番めの時間変数に依存しない．一方 τ 函数は関係式 (3.21) より w_l から定まって

表 7.1 KP 階層と KdV 階層

	KP 階層	KdV 階層
時間変数	$x_1,\ x_2,\ x_3,\ \cdots$	$x_1,\ x_3,\ x_5,\ \cdots$
擬微分作用素	$L=\partial+f_1\partial^{-1}+f_2\partial^{-2}+\cdots$	$L=(\partial^2+u)^{1/2}$
非線形方程式	$\frac{3}{4}\frac{\partial^2 u}{\partial x_2^2}=\frac{\partial}{\partial x}(\frac{\partial u}{\partial x_3}-\frac{3}{2}u\frac{\partial u}{\partial x}-\frac{1}{4}\frac{\partial^3 u}{\partial x^3}),\cdots$	$\frac{\partial u}{\partial x_3}=\frac{3}{2}u\frac{\partial u}{\partial x}+\frac{1}{4}\frac{\partial^3 u}{\partial x^3},\cdots$
広田方程式	$(\mathrm{D}_1^4+3\mathrm{D}_2^2-4\mathrm{D}_1\mathrm{D}_3)\tau\cdot\tau=0,\cdots$	$(\mathrm{D}_1^4-4\mathrm{D}_1\mathrm{D}_3)\tau\cdot\tau=0,\cdots$
ソリトン	$\xi_j=\sum_{n=1}^{\infty}(p_j^n-q_j^n)x_n$ $c_{ij}=\frac{(p_i-p_j)(q_i-q_j)}{(p_i-q_j)(q_i-p_j)}$	$\xi_j=2\sum_{n=1,3,5,\cdots}p_j^n x_n$ $c_{ij}=\left(\frac{p_i-p_j}{p_i+p_j}\right)^2$

いる．したがって KdV 階層の τ 函数とは KP 階層の τ 函数にさらに付帯条件

$$\frac{\partial\tau}{\partial x_n}=0 \qquad n=2,4,6,\cdots \tag{7.2}$$

を課したものに他ならない．例えば KP 階層のソリトン解において，パラメタ $p_j,\ q_j$ の間に関係

$$q_j=-p_j \tag{7.3}$$

をおけば，$x_2,x_4,x_6,\cdots$ は自動的に落ちて KdV 階層のソリトン解を与える (表 7.1 を見て欲しい)．

KdV 階層の解が KP 階層の解の特別なものであるならば，KdV の解を解に写す変換群は KP のそれの部分群になるはずである．次にそれを調べてみよう．

§7.2 KdV 方程式の変換群

ソリトン解の条件 (7.3) を考慮して，頂点作用素 (6.14) においてパラメタ p,q の間に関係式 $p^2=q^2$ を置いてみよう．$q=\pm p$ に応じてそれぞれ

$$Z(p,p)=\sum_{n\in\mathbf{Z}}H_n p^{-n-1}, \tag{7.4}$$

$$Z(p,-p)=\frac{1}{2p}\left(\exp\Bigl(\sum_{n\ \mathrm{odd}>0}2x_n p^n\Bigr)\exp\Bigl(-\sum_{n\ \mathrm{odd}>0}\frac{2}{n}\frac{\partial}{\partial x_n}p^{-n}\Bigr)-1\right)$$

を得る．前者はボゾンそのものであり，後者は3章で導入した KdV 方程式に対する頂点作用素に他ならない．前者のうち x_n (n 偶数) を除けばこれらは (7.2) を保存し，したがって KdV 階層の無限小変換を与える．ではこれらは Lie 環として何になっているのだろうか．

フェルミオンの言葉では，(7.4) を言い替えると考える範囲を一般の 2 次式から

$$:\psi(p)\psi^*(p):, \qquad :\psi(p)\psi^*(-p): \tag{7.5}$$

の形の元に限定することになる．容易にわかるように，このことは一般の 1 次結合 $X_A = \sum a_{mn} :\psi_{-m}\psi_n^*:$ のうち添字のずらし

$$\psi_n \to \psi_{n-2}, \quad \psi_n^* \to \psi_{n+2}^*$$

によって不変な元のみを考えること，つまり

$$a_{mn} = a_{m+2\,n+2} \qquad \forall m, n \tag{7.6}$$

を課すことと同等である．条件 (7.6) を満たす無限行列 $A = (a_{mn})$ は $m = \pm 1/2$, $n \in \mathbf{Z} + 1/2$ だけで決まってしまう．それを表すには 1 変数 t の Laurent 多項式 (t, t^{-1} の多項式)

$$A(t) = \sum_{j \in \mathbf{Z}} \begin{pmatrix} a_{\frac{1}{2}\,\frac{1}{2}+2j} & a_{\frac{1}{2}\,\frac{3}{2}+2j} \\ a_{\frac{3}{2}\,\frac{1}{2}+2j} & a_{\frac{3}{2}\,\frac{3}{2}+2j} \end{pmatrix} t^j$$

を用いると便利である．この表示によると，(6.7) は次の形に書き直される (演習問題 7.1 参照)．

$$\omega(A, B) = \mathrm{Res}_{t=0}\Big(tr\Big(\frac{\mathrm{d}A}{\mathrm{d}t}(t)B(t)\Big)\Big) \tag{7.7}$$

こうして出てきた Lie 環には次のような名前がついている．

定義 7.1 (アフィン Lie 環 $\widehat{\mathfrak{sl}_2}$) Laurent 多項式を成分とする行列と元 c とで張られたベクトル空間

$$\widehat{\mathfrak{sl}_2} = \left\{ \begin{pmatrix} \alpha(t) & \beta(t) \\ \gamma(t) & -\alpha(t) \end{pmatrix} \,\middle|\, \alpha(t), \beta(t), \gamma(t) \in \mathbf{C}[t, t^{-1}] \right\} \oplus \mathbf{C}c$$

に次の交換関係を入れた Lie 環を**アフィン Lie 環** $\widehat{\mathfrak{sl}_2}$ と呼ぶ．

$$\begin{aligned} [A(t), B(t)] &= [A(t), B(t)]_{\mathrm{mat}} + \mathrm{Res}_{t=0}\Big(tr\Big(\frac{\mathrm{d}A}{\mathrm{d}t}(t)B(t)\Big)\Big)\, c \\ [c, A(t)] &= 0 \end{aligned}$$

ただし $[\ ,\ ]_{\mathrm{mat}}$ は行列としての交換子を意味する. □

いままで述べたことをまとめてみよう. 奇数番目の変数 $x_n, \dfrac{\partial}{\partial x_n}$ $(n=1,3,5,\cdots)$ の作る Heisenberg 代数を $\mathcal{B}^{(2)}$ とする. 真空ベクトル $1 \in \mathbf{C}[\mathbf{x}]$ を $\mathcal{B}^{(2)}$ で動かせば部分空間 $\mathbf{C}[x_1, x_3, x_5, \cdots]$ が生じ, (7.4) はこの空間に働いている. このとき $\mathcal{B}^{(2)}$ と頂点作用素 (7.4) はアフィン Lie 環 $\widehat{\mathfrak{sl}_2}$ の実現 (表現) を与える. ただし元 c は 1 で働いているとする. 一般に, 元 c がスカラー k で働くとき, その表現はレベル k をもつ, という. KdV 階層の解を解にうつす無限小変換はアフィン Lie 環 $\widehat{\mathfrak{sl}_2}$ (のレベル 1 の表現) であり, 真空の $\widehat{\mathfrak{sl}_2}$ による軌道, すなわち τ 函数は (広田型の) KdV 方程式の解を与えるのである.

注意 この節で考えたレダクションの代りに, 一般に自然数 l を決めて $p^l = q^l$ とすればソリトン方程式の別の系列が得られる. 対応する無限小変換は $\widehat{\mathfrak{sl}_l}$ と呼ばれるアフィン Lie 環の系列となる. アフィン Lie 環は扱いやすい無限次元 Lie 環として広く応用されている.

演習問題

7.1 (7.7) を確かめよ.

第8章

有限次元 Grassmann 多様体と Plücker 関係式

ここでまた大きく話題を変えて，Grassmann 多様体の概念を導入することにしよう．この古典的な概念とここまでの話の流れをつなぐ役割を果たすのが Plücker 関係式である．以下の章への準備として有限次元線形空間の場合の Plücker 関係式について説明しよう．

§8.1 有限次元 Grassmann 多様体

以下の話はいわゆる射影幾何学の発展の流れのなかから生まれてきたものである．線形代数続論といえる側面もある．内容的にはいまでは次のように話を始めてもそれほど違和感はないであろうが 19 世紀にはまだ概念的に抵抗の多い話であったのかもしれない．以下に述べる内容の一部に関連する分野で，line geometry という言葉が使われたりしたこともあった．それは，19 世紀数学の豊穣な世界の一端でもあり，現代につながる側面をもつ．

N次元線形空間 V および $0 \leqq m \leqq N$ なる自然数 m を 1 つ固定する．V 内の m 次元部分空間全体のなす集合を $G(m,V)$ あるいは $G(m,N)$ と表す．V あるいは N, そして m の選び方に応じて種々のタイプがあるが，これらを総称して **Grassmann 多様体**と呼んでいる．

例えば，$m=0$ のときは，Vの 0 次元部分空間とは $\{0\}$ に他ならない．つまり $G(0,V)$ はただ 1 つの点 $\{0\}$ のみからなる．次に $m=1$ の場合を考えてみよう．このとき $G(1,V)$ とは V内の 1 次元部分空間全体からなる集合である．

いいかえると $G(1,V)$ の元は 0 でないベクトル $\mathbf{v}\in V$ により定まる．2つのベクトル $\mathbf{v},\mathbf{v}'\in V$ が $G(1,V)$ の同じ点を表すための必要十分条件は $\mathbf{v}$ と $\mathbf{v}'$ が 1 次従属，つまり一方が他方のスカラー倍となっていることである．$G(1,V)$ は通常，複素射影空間と呼ばれ，$P(V)$ あるいは $P_{N-1}(\mathbf{C})$ などと表される (いまは係数体は複素数体であるとして話を進めている).

特に $N=2$ のときを考えてみよう．この場合あとで述べるように $P_1(\mathbf{C})$ は 1 次元なので射影直線と呼ばれる．$P_1(\mathbf{C})$ の点は 0 でないベクトル $\mathbf{v}=(v_1,v_2)$, $v_1,v_2\in\mathbf{C}$ により定まる．$v_2=0$ なるベクトル $\mathbf{v}$ は (ベクトル自体はたくさんあるが，射影空間 (直線) の定義により) $P_1(\mathbf{C})$ のただ 1 点を定める．この点を無限遠点と呼ぼう．$v_2\neq 0$ であるベクトル $\mathbf{v}$ には v_1/v_2 を対応させよう．これは $P_1(\mathbf{C})$ より無限遠点を除いた集合から複素平面への一対一の写像を与える．一方で 2 次元球面より 1 点を除けば平面が得られる (球面がゴムでできていると想像してみよう)(演習問題 8.1 を見よ).

少し粗っぽい見方ではあったが，これで複素射影直線 $P_1(\mathbf{C})$ と 2 次元球面が集合としては，同一視できることがわかった．もっと丁寧に見てゆくことにより $P_1(\mathbf{C})$ は 2 次元球面と同相 (実は複素多様体として同型) であることが示される．同様に，$P_{N-1}(\mathbf{C})$ には $\mathbf{C}^{N-1}$ が含まれている (ただし，こんどは $P_{N-1}(\mathbf{C})\setminus\mathbf{C}^{N-1}$ は 1 点ではない).

$P(V)$, より一般に $G(m,V)$ には代数多様体としての構造が入る．代数多様体についての詳しい説明は他書に譲るとして[*1]，少し感じをつかむためにここで Grassmann 多様体の次元を計算してみよう．次元とはおおむね，線形空間の場合から類推できるように，あるいは円などの例を思い浮かべてみて納得してもらえると思うが，その多様体の 1 点を指定するのに必要な連続パラメタの数である．$P(V)$ の場合，0 でないベクトルを 1 つ決めれば $P(V)$ の元が決まったのだが，スカラー倍の不定性があった．したがって，$P(V)$ は $N-1$ 次元である．m が一般の場合には次のように考えてみよう．V に 1 つの基底，すなわち V を張る N 個の 1 次独立なベクトルの組 $(\mathbf{v}_1,\cdots,\mathbf{v}_N)$ をとり，V の元を N 次元行ベクトルと同一視することにする．V の m 次元部分空間 W は V に m 個の 1 次独立なベクトル $\mathbf{w}_1,\cdots,\mathbf{w}_m$ を指定することにより定まる．いいかえると，

*1 例えば「代数幾何」(岩波講座 応用数学) など参照.

$$\mathbf{w}_i = \sum_{j=1}^{N} v_{ij}\mathbf{v}_j \tag{8.1}$$

により定まる階数が m の $m \times N$型行列 $M = (v_{ij})$ を指定すればVの m 次元部分空間 Wが定まる．このような行列 $M = M_W$ を部分空間 W の**枠** (frame) という．しかし，この指定の仕方には無駄がある．2 つの枠 M_1, M_2 が同じ部分空間を表すための必要十分条件は，一方が他方より基底の変換で得られることである：$M_2 = gM_1,\ g \in GL(m, \mathbf{C})$. いまは次元の計算が目的であるから$V$の基底の順序も入れ換えて，$M$を次の形にまで変換できる．

$$\begin{pmatrix} 1 & & & \mathrm{O} & * & * & * \\ & 1 & & & * & * & * \\ & & \ddots & & * & * & * \\ \mathrm{O} & & & 1 & * & * & * \end{pmatrix}$$

この右の部分 ($m(N-m)$ 個の成分がある) は任意である．これより $G(m, V)$ の次元が $m(N-m)$ であることがわかる．

あるいは次のようにも考えられる．Wの基底を 1 つとり，それを拡張して V の基底を定める．Vの基底の選び方の自由度は $GL(N, \mathbf{C})$ で記述される．ただし，そのうち部分空間 Wを (全体として) 変えないものは

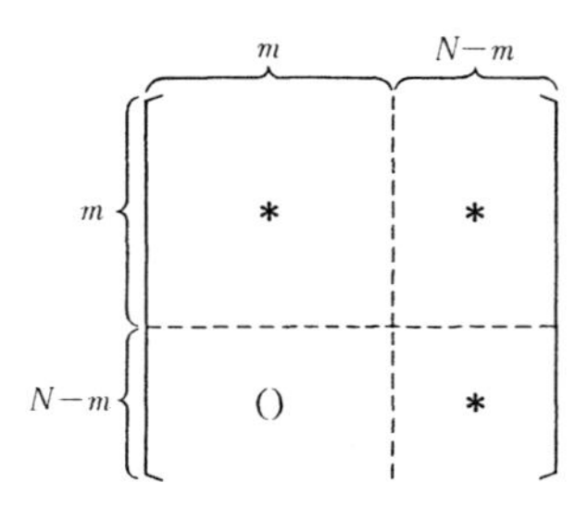

の形のものである.(このようなかたちの元全体は $GL(N, \mathbf{C})$ の部分群をなし，放物型部分群と呼ばれている.) これより $G(m, V)$ の自由度=次元は

$$N^2 - m^2 - (N-m)^2 - m(N-m) = m(N-m)$$

であることがわかる．

複素射影空間以外で一番簡単な Grassmann 多様体は $N=4, m=2$ の場合である．この Grassmann $G(2,4)$ 多様体が，Plücker により導入され Klein などにより詳しく調べられたものである．

§8.2 Plücker 座標

前節で Grassmann 多様体 $G(m,V)$ は代数多様体としての構造を持つと書いた．これは形式的に言えば，$G(m,V)$ の各点の座標がある共通の代数方程式系の解となっていて，そしてその解の全体が $G(m,V)$ の点で尽くされていることである．例えば，円はこの意味で代数多様体である．つまり，平面の点の座標を (x,y) とするとき，円は

$$x^2+y^2-r^2=0, \quad r>0$$

をみたすような座標 (x,y) を持つ点の全体である．

ここで次の点に注意しておこう．このような素朴な意味で代数多様体をとらえるとき，その多様体が入っている場所あるいは入り方を指定する必要がでてくるが，それにはさまざまの可能性があるということである．例えば円も別に空間内にあると思っても多くの場合差しつかえないのである．その問題にはいまはあまり深く立ち入らないことにして，Grassmann 多様体の入る場所について考えてみよう．

また，$m=1$ の場合から考えてみよう．すでに注意したように，Vの 0 でないベクトル $\mathbf{v}=(v_1,v_2,\cdots,v_N)$ の生成する 1 次元部分空間が $G(1,V)=P(V)$ の点を表す．この点の座標として，この $P(V)$ の点を表す Vのベクトルの成分をとることにする．この座標に対する条件は，その成分がすべて 0 となることはない

$$(v_1,\cdots,v_N)\neq(0,\cdots,0)$$

ということである．この座標は斉次座標あるいは同次座標と呼ばれている．この座標と $P(V)$ の点とは一対一には対応しておらず座標 $(v_1,\cdots,v_N)$ と $(v'_1,\cdots,v'_N)$ が同じ点を表すための必要十分条件はある 0 でない数 c があって，すべての $i=1,\cdots,N$に対して $v'_i=cv_i$ が成り立つことであったことを注意しておこう．この場合には $P(V)$ 自身をそれが入っている場所と同一視することにする．

一般の m の場合の Grassmann 多様体を入れる場所としては，十分高い次元の射影空間をとるのが普通である．次にそのことについて説明しよう．$G(m,V)$ の各点 ($=V$ の m 次元部分空間) W には m 行 N 列の行列 $M_W=(v_{i,j})$ が対応していた．この行列の m 次小行列式 $v_\alpha=\det((v_{i,\alpha_j})_{1\leqq i,j\leqq m}),(\alpha=(\alpha_1,\cdots,\alpha_m)$ $\alpha_1<\cdots<\alpha_m)$ を並べたものを考えてみよう．W の基底を取り替えれば，M_W には左から m 次の正則行列 $h\in GL(m,\mathbf{C})$ がかかるのであった．これに応じて v_α には一斉に $\det(h)$ が掛かる (演習問題 8.2 を見よ)．

m 次の小行列式の選び方は $\binom{N}{m}$ 通りあるので (v_α) は $\binom{N}{m}-1$ 次元の射影空間の斉次座標とみなすことができる．$G(m,V)$ の異なる 2 点 W,W' には異なる $(v_\alpha),(v_{\alpha'})$ が対応することがわかるので (演習問題 8.3 を参照せよ)．この座標 (v_α) を $G(m,V)$ の点 W の **Plücker 座標**と呼ぶ (これは Grassmann 座標と呼ばれることもある)．

Plücker 座標の意味は次のようにも考えることができる．以下読者は，線形空間のテンソル積については既に知っているものとする．必要ならば適当な教科書を参照のこと*2．V の m 次の外積 $\wedge^m(V)$ を考える．V の m 個のベクトル $\mathbf{w}_1,\cdots,\mathbf{w}_m$ が 1 次独立であるための必要十分条件は $\wedge^m(V)$ で $\mathbf{w}_1\wedge\cdots\wedge\mathbf{w}_m\neq 0$ であるとも言い表すことができた．W を V の m 次元部分空間とし，$\mathbf{w}_1,\cdots,\mathbf{w}_m$ を W の 1 つの基底とする．上にのべたことより，$\mathbf{w}_1\wedge\cdots\wedge\mathbf{w}_m\neq 0$ であるので W に対して $\wedge^m(V)$ の 0 でないベクトルを対応させることができる．しかし，この対応は基底のとり方に依っている．$\mathbf{w}'_1,\cdots,\mathbf{w}'_m$ を W の別の基底とし h は基底の変換の行列とする：

$$\mathbf{w}'_i=\sum_{j=1}^m h_{ji}\mathbf{w}_j$$

このとき

$$\mathbf{w}'_1\wedge\cdots\wedge\mathbf{w}'_m=\det(h)\mathbf{w}_1\wedge\cdots\wedge\mathbf{w}_m$$

が成り立つ (演習問題 8.2 を参照せよ)．つまり，W の基底をとりかえるとベクトルは定数倍されることがわかった．こうして，$G(m,V)\to P(\wedge^m(V))$ なる写像が定まることがわかった．この写像は **Plücker 埋め込み写像**と呼ばれている．Plücker 座標との関係は (8.1) の記号のもとに

*2 例えば「ジョルダン標準形・テンソル代数」(岩波基礎数学選書) など参照．

$$\mathbf{w}_1 \wedge \cdots \wedge \mathbf{w}_m = \sum_{\alpha_1 < \cdots < \alpha_m} v_{\alpha_1, \cdots, \alpha_m} \mathbf{v}_{\alpha_1} \wedge \cdots \wedge \mathbf{v}_{\alpha_m}$$

によって与えられる．

この見方に立つことにすれば，Plücker 座標 $v_{\alpha_1,\cdots,\alpha_m}$ の添字 $\alpha_1, \cdots, \alpha_m$ が大小順に並んでいると要請するとむしろ不自由で Plücker 座標はその添字に関して反対称であるとみなす方が自然である．以下ではこの見方を採用する．

§8.3 Plücker 関係式

Plücker 座標 $(v_{\alpha_1,\cdots,\alpha_m})$ は添字の入れ換えに関して反対称であった．しかし，添字の入れ換えで符号を変えるような座標を持つ点がすべて $G(m,V)$ の元の像になっている訳ではない．

$G(m,V)$ の元の Plücker 座標が線形の関係式は満たさないことは容易にわかる (演習問題 8.4 を見よ)．しかし，それらの間には次のような 2 次の関係式が成り立つ．

定理 8.1 それぞれ互いに相異なる添字の集合 $1 \leqq \alpha_1, \cdots, \alpha_{m-1} \leqq N$, $1 \leqq \beta_1, \cdots, \beta_{m+1} \leqq N$ に対して

$$\sum_{i=1}^{m+1} (-1)^{i-1} v_{\alpha_1,\cdots,\alpha_{m-1},\beta_i} v_{\beta_1,\cdots,\beta_{i-1},\beta_{i+1},\cdots,\beta_{m+1}} = 0 \tag{8.2}$$

が成り立つ．

［証明］ 上式 (8.2) の左辺をより具体的に書いてみると

$$\sum_{i=1}^{m+1} (-1)^{i-1} \begin{vmatrix} v_{1\alpha_1} & \cdots & v_{1\alpha_{m-1}} & v_{1\beta_i} \\ \cdot & \cdots & \cdot & \cdot \\ v_{m\alpha_1} & \cdots & v_{m\alpha_{m-1}} & v_{m\beta_i} \end{vmatrix}$$

$$\times \begin{vmatrix} v_{1\beta_1} & \cdots & v_{1\beta_{i-1}} & v_{1\beta_{i+1}} & \cdots & v_{1\beta_{m+1}} \\ \cdot & \cdots & \cdot & \cdot & \cdots & \cdot \\ v_{m\beta_1} & \cdots & v_{m\beta_{i-1}} & v_{m\beta_{i+1}} & \cdots & v_{m\beta_{m+1}} \end{vmatrix}$$

である．最初の行列式を最後の列に関して展開すれば

$$\sum_{i=1}^{m+1}(-1)^{i-1}\sum_{j=1}^{m}(-1)^{m+j}v_{j\beta_i}\tilde{v}_j\begin{vmatrix} v_{1\beta_1} & \cdots & v_{1\beta_{i-1}} & v_{1\beta_{i+1}} & \cdots & v_{1\beta_{m+1}} \\ \cdot & \cdots & \cdot & \cdot & \cdots & \cdot \\ v_{m\beta_1} & \cdots & v_{m\beta_{i-1}} & v_{m\beta_{i+1}} & \cdots & v_{m\beta_{m+1}} \end{vmatrix}$$

となる．ただし，ここで

$$\tilde{v}_j = \begin{vmatrix} v_{1\alpha_1} & \cdots & v_{1\alpha_{m-1}} \\ \cdot & \cdots & \cdot \\ v_{j-1\alpha_1} & \cdots & v_{j-1\alpha_{m-1}} \\ v_{j+1\alpha_1} & \cdots & v_{j+1\alpha_{m-1}} \\ \cdot & \cdots & \cdot \\ v_{m\alpha_1} & \cdots & v_{m\alpha_{m-1}} \end{vmatrix}$$

とおいた．まとめ直して

$$\sum_{j=1}^{m}(-1)^{j}\tilde{v}_j\begin{vmatrix} v_{1\beta_1} & \cdots & v_{1\beta_{i-1}} & v_{1\beta_i} & v_{1\beta_{i+1}} & \cdots & v_{1\beta_{m+1}} \\ \cdot & \cdots & \cdot & \cdot & \cdot & \cdots & \cdot \\ v_{m\beta_1} & \cdots & v_{m\beta_{i-1}} & v_{m\beta_i} & v_{m\beta_{i+1}} & \cdots & v_{m\beta_{m+1}} \\ v_{j\beta_1} & \cdots & v_{j\beta_{i-1}} & v_{j\beta_i} & v_{j\beta_{i+1}} & \cdots & v_{j\beta_{m+1}} \end{vmatrix}$$

が得られる．これらの行列式には同じ行があるので 0 となる． ∎

この関係式は $2m$ 次の行列式の Laplace 展開を使っても証明できる (演習問題 8.5 を見よ)．

例 8.1 $N=4, m=2$ の場合の Plücker 関係式を書いてみよう．前にも触れたが，この場合が複素射影空間以外で一番簡単な Grassmann 多様体である．この場合独立な座標は

$$v_{12}, v_{13}, v_{14}, v_{23}, v_{24}, v_{34}$$

であり Plücker 関係式は添字の集合を $\{1\}, \{2,3,4\}$ ととると

$$0 = v_{12}v_{34} - v_{13}v_{24} + v_{14}v_{23}$$

と与えられる． □

Plücker 関係式は次の形で用いられることも多い．

$$v_{\alpha_1,\cdots,\alpha_m} v_{\beta_1,\cdots,\beta_m} = \sum_{i=1}^{m} v_{\alpha_1,\cdots,\alpha_{s-1},\beta_i,\alpha_{s+1},\cdots,\alpha_m} v_{\beta_1,\cdots,\beta_{i-1},\alpha_s,\beta_{i+1},\cdots,\beta_m} \quad (8.3)$$

ここで s は任意である．この式は上で得た式より添字を付け替えて得られる．

実は逆も成り立つ．

定理 8.2 すべてが 0 ではない，添字に関して反対称な数の組 $(v_{\alpha_1,\cdots,\alpha_m})$ が Plücker 関係式 (8.2) を満たせば，それはある $G(m,V)$ の元つまり V のある m 次元部分空間の Plücker 座標である．

［証明］ 仮定より，$(v_{\alpha_1,\cdots,\alpha_m})$ は 0 ベクトルではない．いま， $v_{1\cdots m} \neq 0$ であるとする. (そうでない場合にも V の基底の順序を取り替えれば，この場合に帰着する.) さらに定数倍することにより，

$$v_{1\cdots m} = 1$$

であるとして以下の議論を進めることにする．

$$w_{ij} = v_{1\cdots i-1 j i+1 \cdots m}, \quad i = 1,\cdots,m, \quad j = 1,\cdots,N$$

とおく．作り方から

$$w_{ij} = \delta_{ij}, \quad j \leqq m \quad (8.4)$$

が成り立っているのでこうして定まる m 個のベクトル $\mathbf{w}_i = (w_{i1},\cdots,w_{iN})$, $1 \leqq i \leqq m$ は V の m 次元部分空間 W を張っている．さらに

$$w_{\alpha_1,\cdots,\alpha_m} = \begin{vmatrix} w_{1\alpha_1} & \cdots & w_{1\alpha_m} \\ \cdot & \cdots & \cdot \\ w_{m\alpha_1} & \cdots & w_{m\alpha_m} \end{vmatrix}$$

とおく．証明したいのは

$$w_{\alpha_1,\cdots,\alpha_m} = v_{\alpha_1,\cdots,\alpha_m} \quad (8.5)$$

が任意の $(\alpha_1,\cdots,\alpha_m)$ について成り立つことである．互いに相異なる数 $\alpha_1,\cdots,\alpha_m$ を一組取ってこよう．そのうち，m より大きいものを $\gamma_1,\cdots,\gamma_s$ とし，1 から m までの数のうち欠けているものを $\beta_1,\cdots,\beta_s$ とする．$\alpha_1,\cdots,\alpha_m$ を次のように並べ換える．

$$1,\cdots,\ \beta_1 - 1,\ \gamma_1,\ \beta_1 + 1,\ \cdots,\ \beta_s - 1,\ \gamma_s,\ \beta_s + 1,\cdots,\ m.$$

作り方から (8.4) が成り立っていることに注意して γ_i 以外の列に関して順次行列式を展開してゆけば

$$w_{\alpha_1,\cdots,\alpha_m} = \begin{vmatrix} w_{\beta_1\gamma_1} & \cdots & w_{\beta_1\gamma_s} \\ \cdot & \cdots & \cdot \\ w_{\beta_s\gamma_1} & \cdots & w_{\beta_s\gamma_s} \end{vmatrix}$$

が得られる．

以下，s に関する帰納法で (8.5) を証明する．$s = 0, 1$ のときは自明である．$s < t$ なる s については (8.5) が成り立っていると仮定する．Plücker 関係式 (8.3) より

$$v_{\alpha_1,\cdots,\alpha_m} v_{1,\cdots,m} = \sum_{i=1}^{m} v_{\alpha_1,\cdots,\alpha_{r-1},i,\alpha_{r+1},\cdots,\alpha_m} v_{1,\cdots,i-1,\alpha_r,i+1,\cdots,m} \tag{8.6}$$

が成り立つ． ここに，r は任意であった．r を $\alpha_r = \gamma_t$ となるように選ぼう．このように r を選べば，$i \neq \beta_1, \cdots, \beta_t$ のとき

$$v_{\alpha_1,\cdots,\alpha_{r-1},i,\alpha_{r+1},\cdots,\alpha_m} = 0$$

が成り立つ．というのは，$\beta_1, \cdots, \beta_t$ だけが m までの数で集合 $\{\alpha_1, \cdots, \alpha_m\}$ に欠けているものだからである．$i = \beta_j$ のときには $v_{\alpha_1,\cdots,\alpha_{r-1},\beta_j,\alpha_{r+1},\cdots,\alpha_m}$ の添字のうち $\{1, \cdots, m\}$ に属さないものは $t-1$ 個であるから帰納法の仮定より

$$v_{\alpha_1,\cdots,\alpha_{r-1},\beta_j,\alpha_{r+1},\cdots,\alpha_m}$$

$$= \begin{vmatrix} w_{1\alpha_1} & \cdots & w_{1\alpha_{r-1}} & w_{1\beta_j} & w_{1\alpha_{r+1}} & \cdots & w_{1\alpha_m} \\ \cdot & \cdots & \cdot & \cdot & \cdot & \cdots & \cdot \\ w_{m\alpha_1} & \cdots & w_{m\alpha_{r-1}} & w_{m\beta_j} & w_{m\alpha_{r+1}} & \cdots & w_{m\alpha_m} \end{vmatrix}$$

が成り立つ．ここで，また先ほどの議論を繰り返して行列式の展開をすれば上の行列式は

$$v_{\alpha_1,\cdots,\alpha_{r-1},\beta_j,\alpha_{r+1},\cdots,\alpha_m} = \begin{vmatrix} w_{\beta_1\gamma_1} & \cdots & w_{\beta_1\gamma_{t-1}} & w_{\beta_1\beta_j} \\ \cdot & \cdots & \cdot & \cdot \\ w_{\beta_{j-1}\gamma_1} & \cdots & w_{\beta_{j-1}\gamma_{t-1}} & w_{\beta_{j-1}\beta_j} \\ w_{\beta_j\gamma_1} & \cdots & w_{\beta_j\gamma_{t-1}} & w_{\beta_j\beta_j} \\ w_{\beta_{j+1}\gamma_1} & \cdots & w_{\beta_{j+1}\gamma_{t-1}} & w_{\beta_{j+1}\beta_j} \\ \cdot & \cdots & \cdot & \cdot \\ w_{\beta_t\gamma_1} & \cdots & w_{\beta_t\gamma_{t-1}} & w_{\beta_t\beta_j} \end{vmatrix}$$

と書き直される．この行列式をさらに最後の列に関して展開して $w_{\beta_k\beta_l} = \delta_{kl}$ であることに注意すれば

$$v_{\alpha_1,\cdots,\alpha_{r-1},\beta_j,\alpha_{r+1},\cdots,\alpha_m} = (-1)^{t+j} \begin{vmatrix} w_{\beta_1\gamma_1} & \cdots & w_{\beta_1\gamma_{t-1}} \\ \cdot & \cdots & \cdot \\ w_{\beta_{j-1}\gamma_1} & \cdots & w_{\beta_{j-1}\gamma_{t-1}} \\ w_{\beta_{j+1}\gamma_1} & \cdots & w_{\beta_{j+1}\gamma_{t-1}} \\ \cdot & \cdots & \cdot \\ w_{\beta_t\gamma_1} & \cdots & w_{\beta_t\gamma_{t-1}} \end{vmatrix}$$

が得られる．$v_{1\cdots m} = 1$ であり，また定義により $i = \beta_j$, $\alpha_r = \gamma_t$ であることから $v_{1\cdots i-1\gamma_t i+1\cdots m} = w_{\beta_j\gamma_t}$ となることを用いると，Plücker 関係式 (8.6) は

$$v_{\alpha_1\cdots\alpha_m} = \sum_{j=1}^{t} (-1)^{t+j} w_{\beta_j\gamma_t} \begin{vmatrix} w_{\beta_1\gamma_1} & \cdots & w_{\beta_1\gamma_{t-1}} \\ \cdot & \cdots & \cdot \\ w_{\beta_{j-1}\gamma_1} & \cdots & w_{\beta_{j-1}\gamma_{t-1}} \\ w_{\beta_{j+1}\gamma_1} & \cdots & w_{\beta_{j+1}\gamma_{t-1}} \\ \cdot & \cdots & \cdot \\ w_{\beta_t\gamma_1} & \cdots & w_{\beta_t\gamma_{t-1}} \end{vmatrix}$$

となる．これは

$$v_{\alpha_1 \cdots \alpha_m} = \begin{vmatrix} w_{\beta_1\gamma_1} & \cdots & w_{\beta_1\gamma_{t-1}} & w_{\beta_1\gamma_t} \\ \cdot & \cdots & \cdot & \cdot \\ w_{\beta_t\gamma_1} & \cdots & w_{\beta_t\gamma_{t-1}} & w_{\beta_t\gamma_t} \end{vmatrix}$$

とまとめることができ主張は証明された. ∎

Grassmann 多様体を記述する方程式系が上で得た 2 次の関係式で尽くされることも，つまり他の高次の関係式はすべてこれらの 2 次の関係式の帰結であることも証明できる.

演習問題

8.1 2 次元球面から 1 点を除いたものと平面のあいだの一対一対応をつくれ.

8.2 W を V の m 次元部分空間とし M をその枠とする. 枠 hM, $h \in GL(m, \mathbf{C})$ から定まる Plücker 座標は M から定まるものの $\det(h)$ 倍であることを示せ.

8.3 $G(m, V)$ の異なる点には異なる Plücker 座標が対応することを示せ.

8.4 Plücker 座標が 1 次 (線形) の関係式をみたさないことを示せ.

8.5 Laplace 展開を用いて Plücker 関係式を証明せよ.

第9章

無限次元 Grassmann 多様体

第6章において KP 階層の τ 函数全体の空間が Fock 空間での真空の群作用による軌道であることをみた．この章ではこの真空の軌道が Grassmann 多様体にあたることを示し，それを記述する方程式 (双線形恒等式) について再び考えてみよう．その過程で Clifford 群，指標多項式についても触れよう．

§9.1 有限次元 Fock 空間の場合

前章では有限次元の Grassmann 多様体を定義し，その Plücker 座標および Plücker 関係式について説明した．この章では Fock 空間の枠組の中で対応する問題，つまり無限次元線形空間内のある一定次元の線形部分空間全体のなす多様体を記述することについて考えてみよう．前章での記述とつなげるために，そして無限次元を扱う際の技術的な複雑さを避けるために，まず有限次元の Clifford 代数およびそれに対応する有限次元のフェルミオンの Fock 空間で考えてゆこう．

正の整数 N を1つ固定する．以下この節ではフェルミオンの添字の絶対値は N より小さいものとする．

ψ_i, ψ_i^* を正準反交換関係 (4.6) を満たすフェルミオンとし，$\mathcal{A}_N$ をそれらから生成される有限次元の Clifford 代数とする．V_N，V_N^* をそれぞれ ψ_i, ψ_i^* により張られる線形空間とする．

$$V_N = \oplus_{|i|<N}\mathbf{C}\psi_i, \quad V_N^* = \oplus_{|i|<N}\mathbf{C}\psi_i^*$$

さらに，

$$W_N = V_N \oplus V_N^*$$

とおく．

$\mathcal{F}_N$ を第4章と同様に定義される有限次元のフェルミオンの Fock 空間とする．真空，荷電，エネルギーも同様に定義する．

$\mathcal{A}_N$ の可逆な元 g が与えられたとき T_g を

$$T_g(a) = gag^{-1}, \quad a \in \mathcal{A}_N$$

で定義する. 明らかに

$$T_{gg'} = T_g T_{g'}, \quad T_c = 1 \quad (c \in \mathbf{C} \setminus \{0\}), \tag{9.1}$$
$$T_{g^{-1}} = T_g^{-1}$$

が成り立つ．(例えば，$\psi_{1/2}$ などのように $\mathcal{A}_N$ の元のなかには逆元を持たないものもあることを注意しておこう.) これより，次の集合は群になる．

$$G(W_N) = \{g \in \mathcal{A}_N | \exists g^{-1},\ T_g(w) \in W_N, \quad \forall w \in W_N\}$$

この群を **Clifford 群**と呼ぶ．

$W_N \ni w, w'$に対しその反交換子を対応させる写像 $\langle w, w' \rangle = [w, w']_+ \in \mathbf{C}$ は W_N上の非退化な対称双1次形式になる．

$$O(W_N) = \{T \in GL(W_N) | \langle T(w), T(w') \rangle = \langle w, w' \rangle, \ \forall w, w' \in W_N\}$$

を $\langle\ ,\ \rangle$ に関する直交群とする．Clifford 群の定義から $g \in G(W_N)$ に対し $T_g \in O(W_N)$ がわかる．実は次が成り立つ．

定理 9.1

(i) 任意の $T \in O(W_N)$ に対し，$T_g = T$となる $g \in G(W_N)$ が存在する．

(ii) $T_g = T_{g'} \Longleftrightarrow g = cg' \quad c \in \mathbf{C} \setminus \{0\}$. □

主張 (i) は $O(W_N)$ が鏡映で生成されることを用いて示されるが詳細は省略する．主張 (ii) を示すには (9.1) によって $g' = 1$ としてよい．$T_g = 1$ とは g が $\mathcal{A}_N$ のすべての元と可換であること，すなわち $\mathcal{A}_N$ の中心に属することに他ならない．一方，$\mathcal{A}_N$ の中心が $\mathbf{C}$ であることが知られている (演習問題 9.1 を見よ)．

証明ぬきで[*1] $T_g \in O(W_N)$ を与えたときに 定数倍を除いて g を回復する公

*1 例えば次の論文を見よ．M. Sato, T. Miwa and M. Jimbo "Holonomic Quantum Fields. I" Publ. RIMS, Kyoto Univ., **14** (1978), 223–267.

式を与えよう．記法を簡単にするために，

$$w_i = \begin{cases} \psi_{i-1/2}, & i=1,\cdots,N \quad \text{のとき} \\ \psi^*_{i-N-1/2}, & i=N+1,\cdots,2N \quad \text{のとき} \\ \psi^*_{2N+1/2-i}, & i=2N+1,\cdots,3N \quad \text{のとき} \\ \psi_{3N+1/2-i}, & i=3N+1,\cdots,4N \quad \text{のとき} \end{cases}$$

とおく．もう少し記号を準備する．

$$E_- = \begin{pmatrix} I_{2N} & 0 \\ 0 & 0 \end{pmatrix}, \quad E_+ = \begin{pmatrix} 0 & 0 \\ 0 & I_{2N} \end{pmatrix}, \quad J = \begin{pmatrix} 0 & I_{2N} \\ I_{2N} & 0 \end{pmatrix}$$

とおく．ここで I_{2N} は $2N$次の単位行列である．

いま，$T \in O(W_N)$ が与えられたとして $E_+ + E_-T$ が正則であるとする．

$$R = (R_{ij}) = (T-1)(E_+ + E_-T)^{-1}J$$

とおく．

これらの記号の下で

$$g = \langle g \rangle :\mathrm{e}^{\rho}:, \quad \rho = \frac{1}{2}\sum_{i,j=1}^{4N} R_{ij} w_i w_j$$

が求めるもの，つまり $T_g = T$ が成り立つ．ここで，$\langle g \rangle^2 = g^* g \det(E_+ + E_-T)$ であり，* は $w \in W_N$ に対して $w^* = -w$ で定義される $\mathcal{A}_N$ の反自己同型 (つまり，$a, b \in \mathcal{A}_N$ に対して $(ab)^* = b^* a^*$ と * を施すと積の順序が逆になる写像) である．$g \in G(W_N)$ に対しては，$g^* g = g g^* \in \mathbf{C}$ が成り立っている．$E_+ + E_-T$ が正則でない場合の式も書けるが，ここでは省略する．

Clifford 群の部分群 $\mathbf{G}_N$ を次の式で定義する．

$$\mathbf{G}_N = \{a \in \mathcal{A}_N | \exists a^{-1}, aV_N a^{-1} = V_N, aV_N^* a^{-1} = V_N^*\}. \tag{9.2}$$

ここで V_N と V_N^* 上に互いに共役な正則な線形変換が与えられたとする：

$$\psi_i \mapsto \sum_j a_{ji}\psi_j, \quad \psi^*_{-i} \mapsto \sum_j b_{ij}\psi^*_{-j} \quad (b_{ij}) = (a_{ij})^{-1} \tag{9.3}$$

W_N 上の双 1 次形式 $\langle\ ,\ \rangle$ の定義を思い出すことによりそれらは全体として W_N の直交変換を定めることがわかる．定理 9.1 によりそれは Clifford 群の像となっている．

さて，$\mathcal{F}_N$ の元 $|u\rangle$ が与えられたとき

$$V_N(|u\rangle) = \{v \in V_N \mid v|u\rangle = 0\}$$

とおこう．これは V_N の線形部分空間である．例えば

$$V_N(|\mathrm{vac}\rangle) = \oplus_{0<i<N} \mathbf{C}\psi_i$$

であり，より一般に，$|u\rangle = \psi_{m_1}\cdots\psi_{m_r}\psi^*_{n_1}\cdots\psi^*_{n_r}|\mathrm{vac}\rangle$, $m_1 < \cdots < m_r < 0$, $n_1 < \cdots < n_r < 0$ のときには

$$V_N(|u\rangle) = (\oplus_{0<i<N, i\neq -n_1,\cdots,-n_r} \mathbf{C}\psi_i) \oplus \mathbf{C}\psi_{m_1} \oplus \cdots \oplus \mathbf{C}\psi_{m_r}$$

となり，これらは，N 次元, つまり V_N の次元の半分の次元を持つ．

しかし，例えば，$|u\rangle = (\psi_{-1/2}\psi^*_{-1/2} + \psi_{-3/2}\psi^*_{-3/2})|\mathrm{vac}\rangle$ のときには

$$V_N(|u\rangle) = \oplus_{5/2 \leqq i \leqq N} \mathbf{C}\psi_i$$

となり，その次元は $N-2$ となり上の例より次元が下がっている．

一般に，荷電 0 の $|u\rangle$ に対しては $\dim V_N(|u\rangle) \leqq N$ が成り立つ (演習問題 9.2 を見よ)．

以下，$|u\rangle = g|\mathrm{vac}\rangle$, $g \in \mathbf{G}_N$ の場合を考えよう．

補題 9.2 $g, g' \in \mathbf{G}_N$ に対して

$$V_N(g|\mathrm{vac}\rangle) = V_N(g'|\mathrm{vac}\rangle) \Longleftrightarrow g = cg', \quad c \in \mathbf{C}\setminus\{0\} \tag{9.4}$$

［証明］ $g \in \mathbf{G}_N$ とする．$u \in V_N(g|\mathrm{vac}\rangle)$ に対して，$ug|\mathrm{vac}\rangle = 0$ である．一方，$ug = gT_{g^{-1}}(u)$ であることに注意すれば

$$V_N(g|\mathrm{vac}\rangle) = T_g\left(V_N(|\mathrm{vac}\rangle)\right) \tag{9.5}$$

が成り立つことがわかる．(この等式は $|\mathrm{vac}\rangle$ の代わりに，任意の $|v\rangle \in \mathcal{F}_N$ で成り立つ.) したがって補題を示すには (9.4) で $g' = 1$ の場合を示せばよい．$g \in \mathbf{G}_N$ に対して

$$V_N(g|\mathrm{vac}\rangle) = V_N(|\mathrm{vac}\rangle)$$

であるとすれば，$\psi_i g|\mathrm{vac}\rangle = 0 (i>0)$ が成り立つ．既に注意したように $\mathbf{G}_N \simeq GL(V_N)$ であったので上の (9.2) とその後の関係式 (9.3) を用いれば $\psi^*_i g|\mathrm{vac}\rangle = 0\ (i>0)$ であることもわかる．真空の性質より $g|\mathrm{vac}\rangle$ が $|\mathrm{vac}\rangle$ の定数倍であることが従う． ∎

一方，$V_N(|\mathrm{vac}\rangle)$ を V_N上の正則線形変換全体のなす群 $GL(V_N)$ の元で動かして得られる V_N の部分空間も $V_N(|\mathrm{vac}\rangle)$ と同じ N次元であり，逆に，V_N の同じ次元の部分空間は $GL(V_N)$ の元でうつりあう．こうして真空の軌道 $\mathbf{G}_N|\mathrm{vac}\rangle$ は V_N の $2N$ 次元部分空間のつくる Grassmann 多様体と同一視できることがわかった．Grassmann 多様体を記述する方程式系が Plücker 関係式であった訳だが，上の形の Grassmann 多様体の場合，それは真空の軌道を記述する方程式ともいえることになる．次節では，真空の軌道を記述する方程式を無限次元の場合に有限次元 Fock 空間の場合もこめて与えよう．

§9.2 真空の軌道の記述

繰り返しにはなるが第 6 章での双線形恒等式の導出をもう一度行ない，そのときに保留しておいたことを併せて説明しよう．

定理 9.3 Fock 空間の荷電が 0 の元 $|u\rangle$ が真空の軌道の点であるための必要十分条件は

$$\sum_{i\in\mathbf{Z}+1/2}\psi_i^*|u\rangle\otimes\psi_{-i}|u\rangle=0 \tag{9.6}$$

が成り立つことである． □

以下に述べる証明の前半は第 6 章での証明と同じであるが念のために繰り返しておこう．

［証明］ $|u\rangle=|\mathrm{vac}\rangle$ のときには ψ_i^* または ψ_{-i} が消滅演算子となることから，この関係式は明らかに成り立つ．

Lie 環 $\mathfrak{gl}(\infty)$ の元 X_A がフェルミオンと次の交換関係を持つとする (式 (6.11)):

$$[X_A,\psi_i^*]=\sum_j(-a_{ij})\psi_j^*,\quad [X_A,\psi_{-i}]=\sum_j a_{ji}\psi_{-j}$$

ここで X_A の V , V^* への表現が互いに反傾であることに注意しよう．上の関係式より

$$\sum_{i\in\mathbf{Z}+1/2}[X_A,\psi_i^*]|\mathrm{vac}\rangle\otimes\psi_{-i}|\mathrm{vac}\rangle+\sum_{i\in\mathbf{Z}+1/2}\psi_i^*|\mathrm{vac}\rangle\otimes[X_A,\psi_{-i}]|\mathrm{vac}\rangle=0$$

が得られる．これより，関係式 (9.6) は e^{X_A} の作用で不変であることがわかる．

つまり $|u\rangle$ が真空の軌道の点であるときに (9.6) が成り立つ．

逆を示そう．まず次の等式に注意しよう．$\phi^* = \psi_{-i}^* + \psi_j^*$, $\phi = \psi_i + \psi_{-j}$ とおくと

$$[\phi, \phi^*]_+ = 2, \quad \mathrm{e}^{\pi \mathrm{i} \phi^* \phi/2} = 1 - \phi^* \phi \in \mathbf{G}.$$

この等式により，例えば $m_1 < \cdots < m_r < 0$, $n_1 < \cdots < n_r < 0$ のとき

$$\begin{aligned}&(1 - (\psi_{-m_1}^* + \psi_{n_1}^*)(\psi_{m_1} + \psi_{-n_1}))\psi_{m_1} \cdots \psi_{m_r} \psi_{n_1}^* \cdots \psi_{n_r}^* |\mathrm{vac}\rangle \\ &= (-1)^{r-1} \psi_{m_2} \cdots \psi_{m_r} \psi_{n_2}^* \cdots \psi_{n_r}^* |\mathrm{vac}\rangle \end{aligned} \tag{9.7}$$

が成り立つ．$|u\rangle$ を $\mathcal{F}_N$ の荷電 0 の元とする．したがって $|u\rangle$ は真空 $|\mathrm{vac}\rangle$ に ψ_i と ψ_j^* が同じ個数掛かったベクトルの線形結合である．それらの項のうち ψ_i の個数が最小の項を考える．そのような項が複数ある場合には，それらのうちから任意に 1 項とる (例えば，それらの項の ψ の添字の集合を考えその集合内で大小順に並べた上で辞書式順序で最小の項をとる)．この項は ψ と ψ^* を同じ個数含むので ψ と ψ^* を対にして考えた上の公式 (9.7) を用いて順次対の数を減らしてゆくことができる．つまり，任意の $|u\rangle \in (\mathcal{F}_N)_0$ は 群 $\mathbf{G}$ の適当な元により

$$|\mathrm{vac}\rangle + \sum_{i,j<0} c_{ij} \psi_i \psi_j^* |\mathrm{vac}\rangle + \cdots$$

の形に変換できることがわかる．ここで $\cdots$ は真空にフェルミオンが 4 個以上掛かった項を表す．さらに $\exp(-\sum_{i,j<0} c_{ij}\psi_i\psi_j^*)$ の形の群 $\mathbf{G}$ の元を施すことにより

$$|u'\rangle = |\mathrm{vac}\rangle + \sum_{i,j,k,l<0} c_{ijkl} \psi_i \psi_j \psi_k^* \psi_l^* |\mathrm{vac}\rangle + \cdots$$

の形にできる．関係式 (9.6) が群 $\mathbf{G}$ の作用で不変であることは上でみたので

$$\sum_{i \in \mathbf{Z}+1/2} \psi_i^* |u'\rangle \otimes \psi_{-i} |u'\rangle = 0$$

が成り立っていることになる．$|u'\rangle$ の形より $i < 0$ のとき $\psi_i^* |u'\rangle \neq 0$ であるから

$$\psi_{-i} |u'\rangle = 0, \quad -i > 0$$

が成り立ち，同様に

$$\psi_i^*|u'\rangle = 0, \quad i > 0$$

も成り立っている．これより $|u'\rangle$ が $|\mathrm{vac}\rangle$ の定数倍であることが示された．∎

前節に述べたことと併せれば，この双線形恒等式が本質的には Plücker 関係式であることがわかる．以下では，ボゾン・フェルミオン対応を通してこの関係式を書き換えて第 8 章で与えた Plücker 関係式を導いてみよう．これはまた別の世界とのつながりを生むことにもなる．

そのためには少しばかり準備が要るので節を変えて論じることにしよう．

§9.3　Young 図形と指標多項式

前節で得た関係式と Plücker 関係式のつながりをみるために少しまわり道をし，次章のための準備をしよう．多項式環 の 1 つの基底である指標多項式を導入しよう．この話を 1 つの方向に押し進めれば数学の 1 つの分野，組合せ論へとつながる．この節の目標はボゾン=フェルミオン対応による荷電 0 の Fock 空間 $(\mathcal{F}_N)_0$ の基底 (4.11) の像が指標多項式となることを説明することである．

指標多項式の説明から始めよう．そのために，表すものはマヤ図形と実質的には同じであるが，数学関係の文献にはより古くから現れている **Young 図形**の概念を導入しよう．いろいろな表し方があるが，一つの表し方では Young 図形とは正整数の非増加列 $(f_1, \cdots, f_r)$ のことである (図 9.1)．

図形的にいえば平面の第 4 象限に同じ大きさのタイルを左角から順に第 1 行めには f_1 個のタイルを，第 2 行めには f_2 個のタイルを，と左を揃えて並べていって得られるものと思うことができる．そのときに下の行に移るときにタイルの数が増えないことがただ一つの条件である．

行の数を制限したときに，例えば行の数が n を越えないような Young 図形

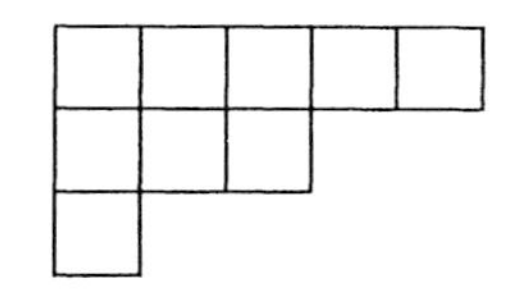

図 9.1　Young 図形 1　$Y = (5, 3, 1)$

により一般線形群 $GL(n,\mathbf{C})$ の既約表現がパラメトライズされることが知られている*2．Young 図形にまつわる興味深い組合せ論の問題も多い．

ところで Young 図形は次のような表し方もできる (図 9.2)．$Y=(f_1,\cdots,f_r)$ を Young 図形とし，この図形の対角線方向の厚さを s とし左上よりみて，対角線上は数えず対角線より右にあるタイルの個数を順に $m_1>\cdots>m_s$，対角線より下にある (対角線上は数えない) タイルの個数を順に $n_1>\cdots>n_s$ とする．このような数え方をするとき，$Y=(m_1,\cdots,m_s|n_1,\cdots,n_s)$ とも表す．

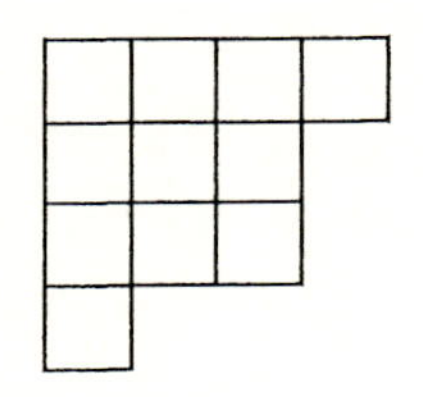

図 9.2　Young 図形 2　$Y=(3,1,0|3,1,0)$

この記法の下で

$$\chi_Y(\mathbf{x})=\det(h_{m_in_j}(\mathbf{x}))$$

とおく．ここで

$$h_{mn}(\mathbf{x})=(-1)^n\sum_{l\geqq 0}p_{l+m+1}(\mathbf{x})p_{n-l}(-\mathbf{x}) \tag{9.8}$$

$$=(-1)^{n+1}\sum_{l<0}p_{l+m+1}(\mathbf{x})p_{n-l}(-\mathbf{x}) \tag{9.9}$$

であり，$p_i(\mathbf{x})$ は (5.20) で定義されている．

$$q_n(\mathbf{x})=(-1)^np_n(-\mathbf{x})$$

という記法も用意しておこう．$h_{mn}(\mathbf{x})$ は $(m+1,1^n)$ という Young 図形 (その形からフック (鈎型) とも呼ばれている) に対応する $\chi(\mathbf{x})$ である．ここで 1^n は 1 が n 個並んでいることを表す略記法である．ついでにいえば，$p_n(\mathbf{x})$ はタイルが横に n 個並んだ (n) という Young 図形に対応しており，$q_n(\mathbf{x})$ はタイルが縦に n 個並んだ (1^n) という Young 図形に対応している．

例 9.1　少し例を挙げよう．Young 図形を添字として書いて区別しよう．

*2　例えば岩堀長慶「対称群と一般線形群の表現論」(岩波講座基礎数学) など．

$$\chi_{\emptyset}(\mathbf{x}) = 1$$
$$\chi_{(1)}(\mathbf{x}) = x_1$$
$$\chi_{(2)}(\mathbf{x}) = \frac{x_1^2}{2} + x_2$$
$$\chi_{(1,1)}(\mathbf{x}) = \frac{x_1^2}{2} - x_2$$
$$\chi_{(2,1)}(\mathbf{x}) = \frac{x_1^3}{3} - x_3$$
$$\chi_{(2,2)}(\mathbf{x}) = \frac{x_1^4}{12} - x_1 x_3 + x_2^2$$

□

詳しい説明を述べる紙数の余裕がないので証明は関係書に譲るが*3この多項式は，Young 図形 Y で定まる一般線形群の既約指標を対応する表現行列の固有値のベキ対称式を変数として書いたものである．(行列のサイズが Young 図形の行の数より大きい限り行列のサイズにはよらない.) 以下，これを**指標多項式**と呼ぶことにしよう．指標多項式は多項式環の基底となっていることが知られている．

次の定理が次の章での議論で重要な役割を果たす．

定理 9.4 ボゾン=フェルミオン対応により荷電 0 の Fock 空間の基底

$$\psi_{m_1} \cdots \psi_{m_r} \psi^*_{n_1} \cdots \psi^*_{n_r} |\mathrm{vac}\rangle, \quad m_1 < \cdots < m_r < 0, \quad n_1 < \cdots < n_r < 0$$

は

$$Y = (-m_1 + 1/2, \cdots, -m_r + 1/2 | -n_1 - 1/2, \cdots, -n_r - 1/2)$$

なる形の Young 図形より定まる指標多項式の $(-1)^{\sum_{i=1}^{r}(n_i+1/2)+r(r-1)/2}$ 倍にうつる． □

証明のために次の補題を準備する．

$$\psi_n(\mathbf{x}) = \mathrm{e}^{H(\mathbf{x})} \psi_n \mathrm{e}^{-H(\mathbf{x})}, \quad \psi^*_n(\mathbf{x}) = \mathrm{e}^{H(\mathbf{x})} \psi^*_n \mathrm{e}^{-H(\mathbf{x})}$$

とおく (フェルミオンの時間発展)．第 5 章の公式 (5.21), (5.22) より

$$\psi_n(\mathbf{x}) = \sum_{j=0}^{\infty} \psi_{n+j} p_j(\mathbf{x}), \quad \psi^*_n(\mathbf{x}) = \sum_{j=0}^{\infty} \psi^*_{n+j} p_j(-\mathbf{x})$$

*3 例えば前掲書，あるいは I.G. Macdonald, Symmetric Functions and Hall Polynomials, Clarendon Press, Oxford, 1979.

と書ける.

補題 9.5 $m, n > 0$ のとき

$$h_{mn}(\mathbf{x}) = (-1)^n \langle \mathrm{vac}|\psi_{-m-1/2}(\mathbf{x})\psi^*_{-n-1/2}(\mathbf{x})|\mathrm{vac}\rangle.$$

[証明] 上の公式を代入することにより

$$\begin{aligned}\langle \mathrm{vac}|\psi_i(\mathbf{x})\psi^*_j(\mathbf{x})|\mathrm{vac}\rangle &= \sum_{s,t=0}^{\infty} \langle \mathrm{vac}|\psi_{i+s}\psi^*_{j+t}|\mathrm{vac}\rangle p_s(\mathbf{x})p_t(-\mathbf{x}) \\ &= \sum_{-s<i} \sum_{0 \leqq t<-j} p_s(\mathbf{x})p_t(-\mathbf{x})\delta_{i+j+s+t,0} \\ &= \sum_{t=0}^{-j-1/2} p_{-i-j-t}(\mathbf{x})p_t(-\mathbf{x}) \\ &= \sum_{l=0}^{-j-1/2} p_{-i+1/2+l}(\mathbf{x})p_{-j-1/2-l}(-\mathbf{x}) \\ &= (-1)^{j+1/2} h_{-i-1/2,-j-1/2}(\mathbf{x})\end{aligned}$$

が得られる. ∎

定理の証明には指標多項式の定義と Wick の定理を較べればよい.

ここで出てきた Young 図形は**マヤ図形**でより簡潔に述べることができる. マヤ図形と Young 図形の関係について説明しよう (図 9.3). 次の例で一般の場合の対応もわかってもらえるものと思う.

マヤ図形 $\mathbf{m} = \{-7/2, -5/2, -1/2, 3/2, 7/2, \cdots\}$ を考えよう. ここで $\cdots$ の部分には欠けている半整数はないものとする. 直線の整数点に目盛りがありマヤ図形の白黒の碁石はその目盛りの中間の半整数点にその中心があると考えよう. 碁石の白黒に応じて, 次のルールで直線を折り曲げよう. マヤ図形の $i \ll 0$ の部分からみてゆくことにする. 条件より $i < -7/2$ ではすべてが白の碁石である. 鉛直方向の直線を考えて$-\infty$ から出発して白の碁石の部分では 上に 1 単位ずつ進むことにする. 黒の碁石の部分では左から右に 1 単位進むと約束しよう. いまの例では -4 の位置まではまっすぐ上に進む. $-7/2$ と $-5/2$ の位置に続いて 2 つ黒の碁石があるので -4 から続けて 2 単位進む. 次は上 $(-3/2)$, 右 $(-1/2)$, 上 $(1/2)$, 右 $(3/2)$, 上 $(5/2)$ と順に 1 単位ずつ進む. $7/2$ の位置以後はすべて黒の碁石であるから以後は右水平方向に進んでゆく.

このようにして定まる 2 つの半直線と折れ線で囲まれる平面の領域として

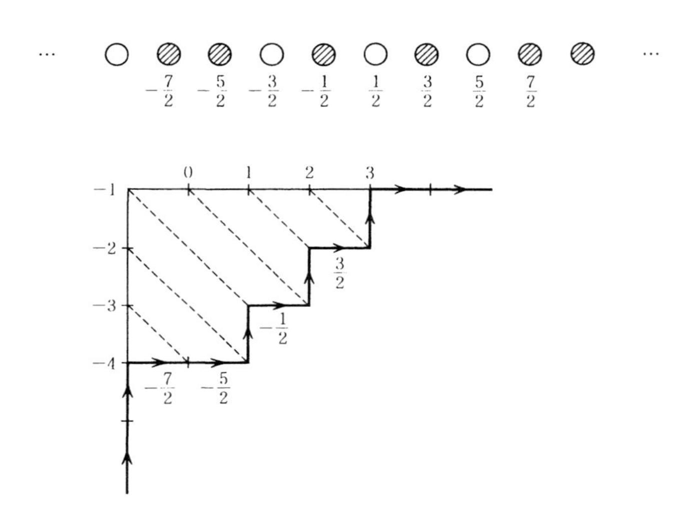

図 9.3　マヤ図形 $\mathbf{m}=\{-7/2,-5/2,-1/2,3/2,7/2,\cdots\}$ と Young 図形

Young 図形が得られる．マヤ図形の荷電は，i と $i+1$ の位置の間で 2 つの半直線が交わっていれば $i+1/2$ として表される．これを対応する Young 図形の**荷電**と呼ぶ．いまの例では 荷電は -1 である．通常の Young 図形を荷電付きの Young 図形と思うには通常の Young 図形は平面の第 4 象限に左角が原点と一致するように置かれていると考え，それを荷電に応じて上下に平行移動すればよい．荷電付きの Young 図形からマヤ図形を得るには上に述べた手順を逆にたどればよい．こうして荷電付きの Young 図形の集合とマヤ図形の集合が一対一に対応していることがわかった．

マヤ図形の荷電を l とすると，数直線上で l より左にある黒石と右にある白石は同数である．その座標をそれぞれ $-n_1-1/2<\cdots<-n_s-1/2(<l)$, $(l<)$ $m_s-1/2<\cdots<m_1-1/2$ とする(m_j, n_j は整数)．このとき対応する Young 図形は 84 ページの記号を用いて

$$Y=(m_1-l-1,\cdots,m_s-l-1|n_1+l,\cdots,n_s+l)$$

となる．

演習問題

9.1 §9.1 で導入した有限次元 Clifford 代数 $\mathcal{A}(W_N)$ が 2^{2N} 次の正方行列全体のつくる代数と同型となることを示し (第4章演習問題 4.1 を参照せよ)，それを用いて，$\mathcal{A}(W_N)$ の中心が $\mathbf{C}$ であることを示せ．

9.2 有限次元の Fock 空間の荷電 0 の元 $|u\rangle$ にたいして $\dim V_N(|u\rangle) \leqq N$ であることを示せ．

9.3 §9.3 で説明した Young 図形とマヤ図形の対応を

$$\mathbf{m} = \{-11/2, -7/2, -3/2, -1/2, 5/2, 7/2, 13/2, \cdots\}$$

の場合に確かめよ．

9.4 次の Young 図形に対応する指標多項式を求めよ．

(1) $Y_1 = (3, 1)$

(2) $Y_2 = (3, 2, 1)$

(3) $Y_3 = (4, 2, 1)$

第10章

双線形恒等式再び

この章ではこれまでの章で示した双線形恒等式を無限次元 Grassmann 多様体に対する Plücker 関係式として書き直そう．この章は Wick の定理の応用問題でもある．また 広田方程式を Plücker 関係式より導いてみよう．

§10.1 双線形恒等式と Plücker 関係式

$|u\rangle$ を荷電 0 の Fock 空間 $\mathcal{F}_0$ の元とし，

$$f(\mathbf{x};|u\rangle)=\langle\mathrm{vac}|\mathrm{e}^{H(\mathbf{x})}|u\rangle$$

をボゾン＝フェルミオン対応により得られるボゾンの Fock 空間の元とする．指標多項式は多項式環の基底となるので，この元を指標多項式の 1 次結合により

$$f(\mathbf{x};|u\rangle)=\sum_{Y}c_Y(|u\rangle)\chi_Y(\mathbf{x}) \tag{10.1}$$

と表すことができる．ここに $\chi_Y(\mathbf{x})$ は Young 図形 Y に対応する指標多項式で和は Young 図形全体をわたる．本節では，この右辺が KP 階層の τ 函数であるための必要十分条件が，係数 $c_Y(|u\rangle)$ が Plücker 関係式を満たすことであることを示す．

本節の目的には，定義に戻って Fock 空間の元をマヤ図形で表す方が都合がよい．復習をしておこう．マヤ図形とは，次の性質をもつ半整数の列 $\mathbf{m}=\{m_j\}_{j\geqq 1}$ のことであった．

(i) すべての j に対し $m_{j+1}>m_j$

(ii) 十分大きい j に対し $m_{j+1}=m_j+1$

性質(ii)から，各マヤ図形 $\mathbf{m}$ に対して整数 l がただひとつ定まり，$m_j=l+j-1/2$ が十分大きい j について成り立つ．この l が $\mathbf{m}$ の荷電である．荷電 l の Fock 空間 $\mathcal{F}_l$ は，$|\mathbf{m}\rangle$ ($\mathbf{m}$ は荷電 l のマヤ図形を動く) を基底とするベクトル空間であった．またマヤ図形の成分の符号を変えた列 $-\mathbf{m}=\{-m_j\}_{j\geq 1}$ は双対空間 $\mathcal{F}_l^*$ の基底 $\langle -\mathbf{m}|$ に対応する．39 ページでベクトル $|l\rangle, \langle l|$ を導入した．フェルミオンの作用の定義により，荷電 l のマヤ図形 $\mathbf{m}$ に対して N を十分大きく選べば

$$|\mathbf{m}\rangle = \psi^*_{m_1}\psi^*_{m_2}\cdots\psi^*_{m_N}|N+l\rangle \tag{10.2}$$

$$\langle -\mathbf{m}| = \langle N+l|\psi_{-m_N}\cdots\psi_{-m_2}\psi_{-m_1} \tag{10.3}$$

が成り立つことがわかる．なお

$$|l\rangle = \psi^*_{l+1/2}|l+1\rangle = \psi^*_{l+1/2}\psi^*_{l+3/2}|l+2\rangle = \cdots$$

$$\langle l| = \langle l+1|\psi_{-l-1/2} = \langle l+2|\psi_{-l-3/2}\psi_{-l-1/2} = \cdots$$

に注意しておこう．

さて，荷電 0 の Fock 空間の元を

$$f = \sum_{\mathbf{m}} c(\mathbf{m})|\mathbf{m}\rangle \tag{10.4}$$

としよう．和は荷電 0 のマヤ図形 $\mathbf{m}=\{m_j\}_{j\geq 1}$ にわたる．(係数 $c(\mathbf{m})$ を $c(m_1, m_2, \cdots)$ のように書くこともある．) §9.2 で述べたように，f が群 $\mathbf{G}$ による真空ベクトル $|\mathrm{vac}\rangle$ の軌道に属するための必要十分条件は

$$\sum_{i\in \mathbf{Z}+1/2} \psi^*_i f \otimes \psi_{-i} f = 0$$

である．これは荷電 -1 の任意のマヤ図形 $\mathbf{p}$ と荷電 1 の任意のマヤ図形 $\mathbf{q}$ に対して

$$\sum_{\mathbf{m},\mathbf{n}} \sum_{i\in \mathbf{Z}+1/2} c(\mathbf{m})c(\mathbf{n})\langle -\mathbf{p}|\psi^*_i|\mathbf{m}\rangle\langle -\mathbf{q}|\psi_{-i}|\mathbf{n}\rangle = 0 \tag{10.5}$$

となることと同値である．

式(10.5)において，$\langle -\mathbf{p}|\psi^*_i|\mathbf{m}\rangle \neq 0$ ならば，ある j について $i=p_j$ でなければならない．このとき N を十分大きく選べば

$$\langle -\mathbf{p}|\psi^*_{p_j}|\mathbf{m}\rangle = \langle N|\psi_{-p_{N+1}}\cdots\psi_{-p_1}\cdot\psi^*_{p_j}\ \psi^*_{m_1}\cdots\psi^*_{m_N}|N\rangle, \tag{10.6}$$

$$\langle -\mathbf{q}|\psi_{-p_j}|\mathbf{n}\rangle = \langle N|\psi_{-q_{N-1}}\cdots\psi_{-q_1}\psi_{-p_j}\cdot\psi^*_{n_1}\cdots\psi^*_{n_N}|N\rangle \tag{10.7}$$

と表せる．Wick の定理によりこれらが 0 でないのは

$$\{p_1, \cdots, p_{N+1}\} = \{p_j, m_1, \cdots, m_N\} \text{ かつ } \{q_1, \cdots, q_{N-1}, p_j\} = \{n_1, \cdots, n_N\}$$

の場合のみである．そのとき(10.6)は $(-1)^{j-1}$ であり，また(10.7)は $(n_1, \cdots, n_N)$ を $(p_j, q_1, \cdots, q_{N-1})$ に並べ替える置換の符号に等しい．

結果をまとめるために係数 $c(\mathbf{m})$ を交代的に拡張しておこう．条件 $n_{j+1}=n_j+1$ (j が十分大きいとき)を満たす列 $\mathbf{n}=\{n_1, n_2, \cdots\}$ に対し，荷電 0 のマヤ図形 $\mathbf{m}$ と集合 $\{1, 2, \cdots\}$ の置換 σ が存在して $n_j=m_{\sigma(j)}$ が成り立つ場合，

$$c(\mathbf{n}) = \operatorname{sgn}\sigma\, c(\mathbf{m})$$

と定める．ただし有限個の j を除き $\sigma(j)=j$ が成り立つものとする．それ以外の場合は $c(\mathbf{n})=0$ と規約する．以上の定義により，記号を改めて次の結論が得られる．

定理 10.1 Fock 空間 $\mathcal{F}_0$ の元(10.4)が群 $\mathbf{G}$ による真空ベクトルの軌道に属するための必要十分条件は，荷電 -1 の任意のマヤ図形 $\mathbf{m}=\{m_j\}_{j\geq 1}$ と荷電 1 の任意のマヤ図形 $\mathbf{n}=\{n_j\}_{j\geq 1}$ に対して

$$\sum_{j=1}^{\infty}(-1)^{j-1}c(m_j, n_1, n_2, \cdots)c(m_1, \cdots, m_{j-1}, m_{j+1}, \cdots) = 0 \qquad (10.8)$$

が成り立つことである． □

式(10.8)と Plücker 関係式(8.2)との関係は明白であろう．自明でない一番簡単な場合 $\mathbf{m}=\{-1/2, 1/2, 3/2, \cdots\}$, $\mathbf{n}=\{-3/2, 5/2, 7/2, \cdots\}$ について(10.8)を書いてみると

$$\begin{aligned}0 = &\ c(1/2, 3/2, 5/2, 7/2, \cdots)c(-3/2, -1/2, 5/2, 7/2, \cdots)\\ &- c(-1/2, 3/2, 5/2, 7/2, \cdots)c(-3/2, 1/2, 5/2, 7/2, \cdots)\\ &+ c(-1/2, 1/2, 5/2, 7/2, \cdots)c(-3/2, 3/2, 5/2, 7/2, \cdots)\end{aligned}$$

となる．

ボゾン＝フェルミオン対応により，Fock 空間の基底の元 $|\mathbf{m}\rangle$ は対応する Young 図形 Y に付随した指標多項式 $\chi_Y(\mathbf{x})$ に符号を除いて写されるから，(10.4)は(10.1)の形になる．こうしてはじめに予告した関係が導かれた．

§10.2 Plücker 関係式と広田方程式

前の節で得られたことをまとめ, 続いてここで得た Plücker 関係式からも広田型の双線形微分方程式が従うことを見てゆこう. g を群 $\mathbf{G}$ の元とし

$$\tau(\mathbf{x}; g) = \langle \mathrm{vac}|e^{H(\mathbf{x})} g|\mathrm{vac}\rangle$$

をボゾン=フェルミオン対応により得られるボゾンの Fock 空間の元とする. これは KP 階層の τ 函数であった. 指標多項式が多項式環の基底となるので

$$\tau(\mathbf{x}; g) = \sum_Y c_Y(g)\chi_Y(\mathbf{x})$$

と τ 函数を指標多項式の1次結合で表すことができる. ここに $\chi_Y(\mathbf{x})$ は Young 図形 Yに対応する指標多項式で和は Young 図形全体をわたる. 前節でみたことは係数 $c_Y(g)$ が Plücker 関係式を満たすということであった. 以下, この係数の集合を τ 函数 $\tau(\mathbf{x}; g)$ の Plücker 座標と呼ぶことにする.

いま τ 函数は多項式環 $\mathbf{C}[x_1, x_2, \cdots]$ の元である. それと関連して∂_iで x_iに関する偏微分を表すことにし, それらで生成される多項式環 $\mathbf{C}[\partial_1, \partial_2, \cdots]$ を考えよう. これは独立変数 $x_1, x_2, \cdots$ に関する定数係数微分作用素全体のなす可換環である. 多項式 $p(\mathbf{x})$ において x_iを∂_i/i でおきかえたものを $p(\tilde{\partial}_\mathbf{x})$ と表すことにする. 多項式環 $\mathbf{C}[\partial_1, \partial_2, \cdots]$ と多項式環 $\mathbf{C}[x_1, x_2, \cdots]$ との間の非退化なペアリングを

$$\langle p(\tilde{\partial}_\mathbf{x}), f(\mathbf{x})\rangle = p(\tilde{\partial}_\mathbf{x}) f(\mathbf{x})|_{\mathbf{x}\to 0} \tag{10.7}$$

で定義する. このペアリングに関して

$$\left\{\frac{x_1^{m_1}}{m_1!}\frac{x_2^{m_2}}{m_2!}\cdots\right\}_{m_1\geqq 0,\ m_2\geqq 0,\cdots} \quad と \quad \{\partial_1^{m_1}\partial_2^{m_2}\cdots\}_{m_1\geqq 0,\ m_2\geqq 0,\cdots}$$

が互いに双対基底となっていることは容易にわかる. 特に, 第4章と同様に x_i の次数を i と数え, さらに∂_i の次数を$-i$ と数えることにし,

$$\mathbf{C}[x_1, x_2, \cdots] = \oplus_{n\geqq 0}\mathbf{C}[\mathbf{x}]_n, \quad \mathbf{C}[\partial_1, \partial_2, \cdots] = \oplus_{n\geqq 0}\mathbf{C}[\partial_\mathbf{x}]_{-n}$$

を斉次部分空間への分解とすれば, このペアリング

$$\langle p(\tilde{\partial}_\mathbf{x}), f(\mathbf{x})\rangle$$

は $\mathbf{C}[\mathbf{x}]_n$ と $\mathbf{C}[\partial_\mathbf{x}]_{-n}$ の間の非退化なペアリングを与え, m n が異なっていれ

ば $\langle \mathbf{C}[\partial_{\mathbf{x}}]_{-m}, \mathbf{C}[\mathbf{x}]_n \rangle = 0$ である．

基底を取り替えて指標多項式に翻訳すれば，次の直交関係が成り立つことが知られている (演習問題 10.3 を見よ)．

補題 10.2 Y, Y' を Young 図形とするとき

$$\langle \chi_Y(\tilde{\partial}_{\mathbf{x}}), \chi_{Y'}(\mathbf{x}) \rangle = \delta_{YY'}$$

□

つまり任意の $f(\mathbf{x}) \in \mathbf{C}[x_1, x_2, \cdots]$ は指標多項式の 1 次結合で表されるのであるが

$$f(\mathbf{x}) = \sum_Y c_Y \chi_Y(\mathbf{x})$$

その係数 c_Y は上のペアリングを用いて

$$c_Y = \langle \chi_Y(\tilde{\partial}_{\mathbf{x}}), f(\mathbf{x}) \rangle$$

と計算できる．

この直交関係式からいくつかの興味ある結論を引き出すことができる．次のような式の変形を行なってみよう．$g \in \mathbf{G}$ にたいして $g(\mathbf{x}) = \mathrm{e}^{H(\mathbf{x})} g \mathrm{e}^{-H(\mathbf{x})}$ とおくことにする．

$$\begin{aligned} \tau(\mathbf{x}+\mathbf{y}; g) &= \langle \mathrm{vac}|\mathrm{e}^{H(\mathbf{x}+\mathbf{y})} g|\mathrm{vac}\rangle \\ &= \langle \mathrm{vac}|\mathrm{e}^{H(\mathbf{x})}\mathrm{e}^{H(\mathbf{y})} g|\mathrm{vac}\rangle \\ &= \tau(\mathbf{x}; g(\mathbf{y})) \\ &= \sum_Y c_Y(g(\mathbf{y}))\chi_Y(\mathbf{x}) \end{aligned}$$

と変形できるが，上の補題により

$$\begin{aligned} c_Y(g(\mathbf{y})) &= \langle \chi_Y(\tilde{\partial}_{\mathbf{x}}), \tau(\mathbf{x}+\mathbf{y}; g) \rangle \\ &= \chi_Y(\tilde{\partial}_{\mathbf{x}}) \tau(\mathbf{x}+\mathbf{y}; g)|_{\mathbf{x}\to 0} \end{aligned}$$

である．$\partial\tau(\mathbf{x}+\mathbf{y}; g)/\partial x_i = \partial\tau(\mathbf{x}+\mathbf{y}; g)/\partial y_i$ であることを用いれば

$$\tau(\mathbf{x}+\mathbf{y}; g) = \sum_Y c_Y(g)\chi_Y(\mathbf{x}+\mathbf{y})$$

と併せて

$$
\begin{aligned}
c_Y(g(\mathbf{y})) &= \chi_Y(\tilde{\partial}_{\mathbf{y}})\tau(\mathbf{x}+\mathbf{y};g)|_{\mathbf{x}\to 0} \\
&= \chi_Y(\tilde{\partial}_{\mathbf{y}})\tau(\mathbf{y};g)
\end{aligned}
$$

が得られる．これから次の補題が得られる．

補題 10.3 $g \in \mathbf{G}$ に対応する Plücker 座標を $c_Y(g)$ とし，gの時間発展を $g(x) = \mathrm{e}^{H(\mathbf{x})}g\mathrm{e}^{-H(\mathbf{x})}$，$\tau(x;g)$ を対応する KP 階層の τ 函数とするとき，次の関係式が成り立つ．

(i) $c_Y(g) = \chi_Y(\tilde{\partial}_{\mathbf{x}})\tau(\mathbf{x};g)|_{\mathbf{x}\to 0}$

(ii) $c_Y(g(\mathbf{x})) = \chi_Y(\tilde{\partial}_{\mathbf{x}})\tau(\mathbf{x};g)$ □

特に $\{c_Y(g(\mathbf{x}))\}$ も KP 階層の τ 函数の Plücker 座標である．

Plücker 座標が Plücker 関係式を満たすことと，この補題の (2) で示した Plücker 座標が τ 函数を用いて表されるということを組み合わせて広田の双線形微分方程式を導くこともできる．

例 10.1 例として前節の最後に書いた Plücker 関係式を τ 函数を使って書き換えてみよう．前章の例に挙げた指標多項式の表と上の補題から，いまの場合の Plücker 関係式は次のような τ 函数に対する微分方程式に書き換えられる．

$$
\begin{aligned}
0 = &\frac{1}{12}\tau(\mathbf{x})\cdot(\partial_1^4 - 4\partial_1\partial_3 + 3\partial_2^2)\tau(\mathbf{x}) \\
&- \frac{1}{3}\partial_1\tau(\mathbf{x})\cdot(\partial_1^3 - \partial_3)\tau(\mathbf{x}) \\
&+ \frac{1}{4}(\partial_1^2 + \partial_2)\tau(\mathbf{x})\cdot(\partial_1^2 - \partial_2)\tau(\mathbf{x})
\end{aligned}
$$

この微分方程式を広田型に書き直せば，第3章で既に出てきた

$$
(\mathrm{D}_1^4 + 3\mathrm{D}_2^2 - 4\mathrm{D}_1\mathrm{D}_3)\tau\cdot\tau = 0
$$

が得られる． □

演習問題

10.1 本文中の等式(10.2)，(10.3) を示せ．

10.2 §10.1 の最後に書いた Plücker 関係式 (10.6) が，§7.3 の Plücker 関係式

と同じであることを示し，その理由について考えよ．

10.3 3次多項式の2つの基底

$$\{x_3, x_2x_1, x_1^3/6\}, \{\chi_{(3)}(\mathbf{x}), \chi_{(2,1)}(\mathbf{x}), \chi_{(1,1,1)}(\mathbf{x})\}$$

の間の基底の変換行列を求め，この場合に (10.1) を確認せよ．

10.4 広田型双線形微分方程式

$$(\mathrm{D}_1^3\mathrm{D}_2 + 2\mathrm{D}_2\mathrm{D}_3 - 3\mathrm{D}_1\mathrm{D}_4)\tau \cdot \tau = 0$$

を与える Plücker 関係式を求めよ．

補遺

本文を読む際に，以下の注を参照してほしい．

注 1(p. 25 補題 3. 1)

ここでは形式的ローラン級数としての計算を行っている．

たとえば

$$\log(1-x) = -\sum_{n=1}^{\infty}\frac{x^n}{n}$$

などのように，関数の収束べき級数への展開を形式的ローラン級数(この場合は負のべきを含まないので形式的べき級数)とみなすことができる．

$$\exp(\log(1-x)) = 1-x$$

などの等式は形式的べき級数としても成り立つ．両辺は共通の領域 $|x|<r$ ($r>0$ は十分小)で収束するからである．一方，

$$\sum_{n=0}^{\infty}x^n, \quad -\sum_{n=-\infty}^{-1}x^n$$

は同じ有理関数 $1/(1-x)$ の展開で得られるが，形式的ローラン級数としては異なる．両者の収束域はそれぞれ $|x|<1$, $|x|>1$ で，共通部分を持たない．

形式的ローラン級数は頂点作用素代数の理論などで活用される．詳しいことは，たとえば次の文献を参照されたい：V. G. Kac, Vertex algebras for beginners, 2nd ed., AMS, University Lecture Series v. 10, 1998.

注 2(p. 50, および演習問題解答 3. 4 への注)

共形場理論においては，次の交換関係を満たす演算子 $\{a_n\}_{n\in\mathbf{Z}}$, Q が標準的に用いられる．

$$[a_m, a_n] = m\delta_{m+n,0}, \quad [a_n, Q] = \delta_{n,0}$$

これを(自由)ボゾンという．(§5. 5 では，$\{a_n\}_{n\in\mathbf{Z}}$, Q はそれぞれ H_n, K と書かれている．また §4. 1 における a_n と a_n^* $(n>0)$ は，ここでの a_n と $(1/n)a_{-n}$ $(n>0)$ に対応する．) ボゾンの母関数を

$$\varphi(z) = Q+a_0\log z-\sum_{n\neq 0}\frac{a_n}{n}z^{-n}$$

と定める．一般に $\beta\in\mathbf{C}$ をパラメタとして，頂点作用素を

$$\begin{aligned}V_\beta(z) &= :\mathrm{e}^{\beta\varphi(z)}: \\ &=\exp\left(-\beta\sum_{n<0}\frac{a_n}{n}z^{-n}\right)\exp\left(-\beta\sum_{n>0}\frac{a_n}{n}z^{-n}\right)\mathrm{e}^{\beta Q}z^{\beta a_0}\end{aligned}$$

と定義すると，その積について基本的な関係式

$$V_\beta(z)\,V_\gamma(w) = (z-w)^{\beta\gamma}:V_\beta(z)\,V_\gamma(w):$$

が成り立つ．本文では $\beta,\gamma=\pm1$ の場合がボゾン＝フェルミオン対応(5.23)に用いられている．

参考書

本書では，ソリトン方程式について，その対称性を中心に 1981 年頃をピークとする佐藤幹夫を中心とした京都における研究成果を取り上げた．

これについてさらに学んでみようという読者には次のものがある．

[1] 佐藤幹夫述・梅田亨記, 佐藤幹夫講義録, 数理解析レクチャーノート **5** 数理解析レクチャーノート刊行会, 1989.

[2] 佐藤幹夫述・野海正俊記, ソリトン方程式と普遍グラスマン多様体, 上智大学講究録 **18** 1984.

[3] E. Date, M. Jimbo, T. Miwa and M. Kashiwara, Transformation groups for soliton equations, Proc. Japan Acad. **57A** (1981), 342–347, 387–392; J. Phys. Soc. Jpn. **50** (1981), 3806–3812, 3813–1818; Physica **4D** (1982), 343–365; Publ. RIMS, Kyoto Univ. **18** (1982), 1111–1119, 1077–1110.

[4] M. Jimbo and T. Miwa, Solitons and infinite dimensional Lie algebras, Publ. RIMS, Kyoto Univ. **19** (1983), 943–1001.

ソリトンの理論の背景や逆散乱法・準周期解などの話題，物理学・工学における応用などについてはすでにいくつか成書もあり，この本ではあえて取上げなかった．邦語の本として次を挙げておこう．

[5] 田中俊一・伊達悦朗, KdV 方程式，紀伊國屋書店, 1979.

[6] 広田良吾, 直接法による ソリトンの数理，岩波書店, 1992.

1970 年代の中頃から現在 (1992 年夏) までの数学における最大のできごとは理論物理と数学のいくつかの分野 (表現論，微分方程式，代数幾何，整数論，作用素環，トポロジー，組み合わせ論など) の相互作用からもたらされた一連の進展であろう．その中での最初のできごとのひとつがソリトン理論の展開であった．ソリトン理論を鍵として 20 世紀の数学史の最後の 4 分の 1 を眺望するということは，魅力あるテーマには違いないが，現在の我々にできることではない (定義により不可能！)．　そもそも，この 20 世紀の最後の数年でこうした大きな動きが収束へ向かうかどうかが明らかではない．しかしながら，本書を手に取って下さった読者のために現時点における眺望を報告しておくのも悪くはないであろう．以下はそのごく大雑把な試みである．

第 1 の視点は，無限次元 Lie 環の立場である．本書の中心的な視点はこれであった．*1

Drinfeld-Sokolov によるハミルトニアン・リダクションの理論は別の立場からソリトン理論とアフィン Lie 環との関係を論じている．

[7] V. Drinfeld, V. Sokolov, Lie algebras and equations of Korteweg-de Vries types, Sov. J. Math. **30** (1985), 1975–2036.

本書では，頂点作用素がアフィン Lie 環のソリトン解への作用を与えるものとして中心的な役割を果たしているが，表現論の立場から頂点作用素を扱った仕事として次のものを挙げよう．

[8] J. Lepowsky and R. L. Wilson, Construction of the affine Lie algebra $A_1^{(1)}$, Commun. Math. Phys. **62** (1978), 43–53.

[9] I. B. Frenkel and V. G. Kac, Basic representations of affine Lie algebras and dual resonance models, Invent. Math. **62** (1980), 23–66.

これらはレベル 1 の表現のみを扱っている．一般のレベルを扱うためにはまったく異なるアイデアが必要であった．

[10] M. Wakimoto, Fock representations of the affine Lie algebra $A_1^{(1)}$, Commun. Math. Phys. **104** (1986), 604–609.

[11] B. Feigin and E. Frenkel, Representations of affine Kac-Moody algebras and bosonization, in:*Physics and Mathematics of Strings*, V. Knizhnik Memorial Volume, eds. L. Brink, D. Friedan, A. M. Polyakov, 271–316. Singapore, World Scientific, 1990.

共形場の理論は無限次元 Lie 環の表現論を土台に，質量 0 の粒子からなる共形不変な場の量子論を構成する．

[12] A. A. Belavin, A. M. Polyakov and A. B. Zamolodchikov, Infinite conformal symmetry in two-dimensional quantum field theories, Nucl. Phys. **B241** (1984), 333–380.

そこでは，無限次元 Lie 環の異なる既約表現をつなぐ頂点作用素が場の作用素としての役割を果たす．

[13] A. Tsuchiya and Y. Kanie, Vertex operators in the conformal field theory on $\mathbf{P}^1$ and monodromy representations of the braid group, Adv. Stud. Pure Math. **16** (1988), 297–372.

共形場理論の変形として有質量の場の理論が得られるが，それはソリトン理論の量子化に他ならない．

*1 最も重要な無限次元 Lie 環である Kac-Moody Lie 環とくにアフィン Lie 環については，基本文献として：V. G. Kac, Infinite Dimensional Lie Algebras, Cambridge University Press, 3rd ed. New York 1990.

[14] A. B. Zamolodchikov, Integrable field theory from conformal field theory, Adv. Stud. Pure Math. **19** (1989), 641–674.

[15] T. Eguchi and S.-K. Yang, Deformations of conformal field theories and soliton equations, Phys. Lett. **B224** (1989), 373–378.

[16] B. Feigin and E. Frenkel, Free field resolutions in affine Toda field theories, Phys. Lett. **B276** (1992), 79–86.

第2の視点は，代数幾何の立場である．ソリトン方程式の解のうち本書で扱ったのは有理函数解と指数函数解である．

楕円函数解は古くから知られていたが代数曲線のテータ函数から解が作られることを一般的に定式化したのは次の論文である．

[17] I. M. Krichever, Methods of algebraic geometry in the theory of nonlinear equations, Russian Math. Surveys **32** (1977), 185–213.

日本語の成書としては上掲の伊達・田中の本がある．逆問題，すなわちテータ函数が KP 方程式の解のτ函数になるならば，そのテータ函数は代数曲線に対応している，という Novikov の予想は塩田隆比呂によって肯定的に解かれた．

[18] T. Shiota, Characterization of Jacobian varieties in terms of soliton equations, Invent. Math. **83** (1986), 333–382.

共形場の理論において Riemann 面上で場の量子論を構成することによりテータ函数の理論の拡張が得られている．

[19] A. Tsuchiya, K. Ueno and Y. Yamada, Conformal field theory on universal family of stable curves with gauge symmetries, Adv. Stud. Pure Math. **19** (1989), 459–566.

第3の視点は，無限自由度の可積分系の立場である．共形場の理論については既に述べた．それ以前の重要な仕事として Ising 模型の相関函数・Painlevé 方程式・モノドロミー保存変形理論がある．

[20] T. T. Wu, B. M. McCoy, C. A. Tracy and E. Barouch, Spin-spin correlation functions for the two-dimensional Ising model: Exact theory in the scaling region, Phys. Rev. **B13** (1976), 316–374.

[21] M. Sato, T. Miwa and M. Jimbo, Holonomic Quantum Fields I-V, Publ. RIMS, Kyoto Univ., **14** (1978), 223–267, **15** (1979), 201–278, 577–629, 871–972, **16** (1980), 531–584.

量子重力理論からも KdV 方程式が現われてそれは代数曲線のモジュライ空間につながりを持つ．

[22] M. Kontsevich, Intersection Theory on the Moduli Space of Curves and

the Matrix Airy Functions, Commun. Math. Phys.**147**(1992), 1–23.

位相的場の量子論にも Painlevé 方程式が現われて共形場理論とソリトン理論をつなぐ.

[23] S. Cecotti, P. Fendley, K. Intriligator and C. Vafa, A new supersymmetric index, Nucl. Phys. **B 386** (1992), 405–452.

第 4 の視点は，量子群の立場である.

量子群は Drinfeld と神保により独立に導入された. ここでは次の文献を挙げておく.

[24] V. G. Drinfeld, Quantum groups, Proc. ICM Berkeley, 1986.

[25] 神保道夫, 量子群とヤン・バクスター方程式, シュプリンガー東京, 1990.

量子群の生まれる母体となったのは，可解格子模型と量子逆散乱法であった.

[26] R. J. Baxter, Exactly Solved Models in Statistical Mechanics, Academic Press, 1982.

[27] L. D. Faddeev, E. K. Sklyanin and L. A. Takhtajan, The quantum inverse problem I, Theoret. Math. Phys. **40** (1979),194–220.

量子群は，可解格子模型の他にも低次元トポロジーの不変量，共形場理論のブレード表現，可解有質量場の理論の対称性などいろいろな場所に顔を出す. 最後に最も最近の話題として，q–変形された頂点作用素に関する次の論文を挙げておく.

[28] I. B. Frenkel and N. Yu. Reshetikhin, Quantum affine algebras and holonomic difference equations, Commun. Math. Phys. **146** (1992), 1–60.

[29] F. A. Smirnov, Dynamical Symmetries of Massive Integrable Models, Int. J. Mod. Phys. **7A** Suppl. 1B (1992), 813–837, 839–858.

[30] B. Davies, O. Foda, M. Jimbo, T. Miwa and A. Nakayashiki, Diagonalization of the XXZ Hamiltonian by Vertex Operators, Comm. Math. Phys. **151** (1993), 89–153.

演習問題解答

演習問題のうち主なものに解答およびその指針を示す．本文中で十分説明できなかったことがらを補足する意味で解答をのせた．

第1章

1.1 $\dfrac{x}{1-\varepsilon x}$

1.2 $\dfrac{\partial u}{\partial s}=\dfrac{1}{2}u^4u_x+u^2u_{xxx}+\dfrac{3}{5}u_{5x}+4uu_xu_{xx}+u_x^3$

1.3 $\dfrac{\partial B}{\partial y}+[B,P]=0$ から $3u_{yy}+u_{4x}+6(uu_x)_x=0$ を得る．(Boussinesq 方程式)

第2章

2.1 $\partial^n(fg)$ は f と g の積の n 階の導函数であるが，これに対する計算公式が Leibniz 則であって，それは

$$\begin{aligned}\partial^n(fg)&=(\partial^n\circ f)(g)\\&=\sum_{k\geqq 0}\binom{n}{k}(\partial^k f)(\partial^{n-k}g)\end{aligned}$$

で与えられる．

2.2 $\sum\limits_{j,k,k'=0}^{\infty}\binom{\alpha-k}{j}(f_k\partial^j g_{k'})\partial^{\alpha+\beta-k-k'-j}$

2.3 $(\partial+x)^{-1}=\sum\limits_{n=1}^{\infty}(-1)^{n-1}a_{n-1}\partial^{-n}$ とすると

$$a_n=\sum_{k=0}^{[\frac{n}{2}]}\frac{n(n-1)(n-2)\cdots(n-2k+1)}{2\cdot4\cdot6\cdots(2k)}x^{n-2k}$$

2.4 $\alpha_1+\alpha_2$階と$\alpha_1+\alpha_2-1$ 階

2.5 l が偶数なら，$(P^{l/2})_+=P^{l/2}$ したがって $[P,(P^{l/2})_+]=0$ である．

2.6

$$(P^{5/2})_+ = \partial^5 + \frac{5u}{2}\partial^3 + \frac{15}{4}u_x\partial^2 + \left(\frac{25}{8}u_{xx} + \frac{15u^2}{8}\right)\partial$$
$$+\frac{15}{16}u_{xxx} + \frac{15}{8}uu_x$$
$$[P, (P^{5/2})_+] = -\frac{1}{16}(u_{5x} + 10uu_{xxx} + 30u^2u_x + 20u_xu_{xxx})$$

2.7

$$\begin{aligned} &Le^{\xi(\mathbf{x},k)}\\ &= (\partial + f_1\partial^{-1} + f_2\partial^{-2} + \cdots)(1 + w_1\partial^{-1} + w_2\partial^{-2} + \cdots)e^{\xi(\mathbf{x},k)}\\ &= \Big(\partial + w_1 + (\partial w_1 + w_2 + f_1)\partial^{-1} + (\partial w_2 + w_3 + f_1w_1 + f_2)\partial^{-2} + \cdots\Big)e^{\xi(\mathbf{x},k)} \end{aligned}$$

これより

$$\partial w_1 + f_1 = 0, \quad \partial w_2 + f_1w_1 + f_2 = 0.$$

第3章

3.1 xを1次，tを3次と考え，次数6以下の斉次式の中で探すことにする．次数が3以下のものはすべて解になる．次数4の解はtx，次数5の解はない，次数6の解 $-\frac{1}{45}x^6 + \frac{1}{3}tx^3 + t^2, -\frac{1}{3}tx^3 + t^2, t^2$ となる．

3.3 $B \to [A, B]$ を B に対する作用と考えて，$ad(A)(B) = [A, B]$ と書く．このとき

$$e^ABe^{-A} = e^{ad(A)}B$$

であり，したがって

$$e^Ae^Be^{-A} = \exp\Big(e^{ad(A)}B\Big)$$

である．$ad(A)(B)$ がスカラーなので，$ad(A)^n(B) = 0$ $(n \geqq 2)$ となる．これより

$$e^Ae^Be^{-A} = \exp(B + [A, B]) = e^{[A,B]}e^B$$

である．

3.4 (巻末の補遺の注1参照)

$$X(p_1, q_1)X(p_2, q_2) = C(p_1, q_1, p_2, q_2) :X(p_1, q_1)X(p_2, q_2):,$$
$$C(p_1, q_1, p_2, q_2) = \frac{(p_1 - p_2)(q_1 - q_2)}{(p_1 - q_2)(q_1 - p_2)}.$$

ここで：：は中の式の微分作用素の部分を右に，かけ算の部分を左に並べ直すことを意味する (第 5 章を見よ)．例えば

$$:x_1\frac{\partial}{\partial x_1}:=:\frac{\partial}{\partial x_1}x_1:=x_1\frac{\partial}{\partial x_1}$$

$C(p_1,q_1,p_2,q_2)$ は 1 と 2 の取り換えで対称なので交換子積は消えるように思える．一方，作用素 $X(p,q)$ を p と q についてのベキに展開した係数 X_{mn}

$$X(p,q)=\sum X_{mn}p^mq^n$$

を考えると，$[X_{m_1n_1},X_{m_2n_2}]$ はいつでも消えるわけではない．この「矛盾」は，次のように解消される．一変数 x の形式的ローラン級数として $\sum_{n=-\infty}^{\infty}x^n$ は 0 ではない．しかし

$$\sum_{n=-\infty}^{-1}x^n=\frac{x^{-1}}{1-x^{-1}},\qquad \sum_{n=0}^{\infty}x^n=\frac{1}{1-x}$$

において有理函数としては

$$\frac{x^{-1}}{1-x^{-1}}+\frac{1}{1-x}=0$$

である．したがって $C(p_1,q_1,p_2,q_2)$ は形式的ローラン級数として

$$\frac{(1-\frac{p_2}{p_1})(1-\frac{q_2}{q_1})}{(1-\frac{q_2}{p_1})(1-\frac{p_2}{q_1})}$$

を $\frac{q_2}{p_1}$ と $\frac{p_2}{q_1}$ について展開したものと考えるのが正しく，この意味では交換子積は消えていない．$\sum_{n=-\infty}^{\infty}x^n=\delta(x)$ と書くと，任意の形式的ローラン級数 $f(x)$ に対し $f(1)$ が意味を持つならば，$f(x)\delta(x)=f(1)\delta(x)$ という性質を持つ．これを使って

$$[X(p_1,q_1),X(p_2,q_2)]=\frac{(1-\frac{q_1}{p_1})(1-\frac{q_2}{p_2})}{1-\frac{q_2}{p_1}}\delta(\frac{p_2}{q_1})X(p_1,q_2)$$
$$-\frac{(1-\frac{q_1}{p_1})(1-\frac{q_2}{p_2})}{1-\frac{q_1}{p_2}}\delta(\frac{p_1}{q_2})X(p_2,q_1)$$

となる．すなわち頂点作用素は Lie 環を生成している．

3.5 $x_1, x_2+\frac{x_1^2}{2}, x_2-\frac{x_1^2}{2}, x_3+x_1x_2+\frac{x_1^3}{6}, x_3-\frac{x_1^3}{3}, x_3-x_1x_2+\frac{x_1^3}{6}$．この場合，$k\in\mathbf{C}$ についての極は $k=0$ のみである．

3.6 $x_j=x'_j$ (すべての j) とおいて留数を計算すると $\tilde{w}_1=0$ となる．次に x'_1

で微分してから同じことをすると $\bar{w}_2 = 0$ となる．以下同様．

第 4 章

4.1 定義により $\psi v_1 = \psi|\mathrm{vac}\rangle = 0$, $\psi v_2 = \psi\psi^*|\mathrm{vac}\rangle = v_1$．$\psi^*$ についても同様．

4.3 Wick の定理を適用する際，$\langle\psi_{m_i}\psi_{m_j}\rangle = 0$, $\langle\psi^*_{n_i}\psi^*_{n_j}\rangle = 0$ だから $\langle\psi_{m_1}\psi^*_{n_{\sigma(1)}}\rangle\cdots\langle\psi_{m_s}\psi^*_{n_{\sigma(s)}}\rangle$ の形の項だけが生き残る．上で $\sigma = id.$ の符号が $+1$ であることに注意すれば行列式の定義から答を得る．ベクトル

$$\langle u| = \langle\mathrm{vac}|\psi_{m_1}\cdots\psi_{m_r}\psi^*_{n_1}\cdots\psi^*_{n_s} \quad (0 < m_1 < \cdots < m_r, n_1 < \cdots < n_s)$$
$$|v\rangle = \psi_{-m'_1}\cdots\psi_{-m'_s}\psi^*_{-n'_1}\cdots\psi^*_{-n'_r}|\mathrm{vac}\rangle \quad (0 < m'_1 < \cdots < m'_s, n'_1 < \cdots < n'_r)$$

のペアリングをとれば，上と同様にして符号を除き

$$\det\Big(\langle\psi_{m_i}\psi^*_{-n'_j}\rangle\Big)\det\Big(\langle\psi^*_{n_k}\psi_{-m'_l}\rangle\Big) = \pm\prod_{i=1}^{r}\delta_{m_i\,n'_i}\prod_{k=1}^{s}\delta_{n_k\,m'_k}.$$

これよりペアリングの非退化性が従う．

第 5 章

5.1 (5.10) を用いて

$$[H_m, H_n] = \sum_j [H_m, \psi_{-j}\psi^*_{j+n}] = \sum_j \left(\psi_{-j+m}\psi^*_{j+n} - \psi_{-j}\psi^*_{j+m+n}\right).$$

ここで和の各項の括弧をはずして第 1 項で $j \to j+m$ とすれば第 2 項になるから答は 0，としてはいけない．括弧の中を

$$:\psi_{-j+m}\psi^*_{j+n} - \psi_{-j}\psi^*_{j+m+n}: + \delta_{m+n,0}(\theta(j < m) - \theta(j < 0))$$

と書きなおしておけば正規積の部分の和は個々のベクトルの上では有限和だから上の変形が許されて 0，残りの定数部分からの寄与が $m\delta_{m+n,0}$ を与える．

5.2 $x_4 + \dfrac{1}{2}x_2^2 - \dfrac{1}{2}x_2x_1^2 - \dfrac{1}{8}x_1^4$.

5.3 $\mathrm{e}^{H(\mathbf{x})} = \sum f_j(\mathbf{x})a_j$ と展開したとき，$\langle l|a_j|u\rangle \neq 0$ となるのは a_j のエネルギーが $-d + l^2/2$ のときに限る．したがって，対応する係数 $f_j(\mathbf{x})$ はすべて $d - l^2/2$ 次式である．

5.4 各 n ごとに独立に，式 (4.11) の中に ψ_n (ψ^*_n) があるときは，zq^{-n} ($z^{-1}q^{-n}$) ないときは 1 が指標に寄与する．

5.5 $\mathbf{C}[x_1, x_2, x_3, \cdots]$ の指標は

$$\sum_{m_1, m_2, \cdots \geqq 0} q^{m_1+2m_2+\cdots} = \prod_{n=1}^{\infty} \sum_{m_n=0}^{\infty} q^{nm_n} = \prod_{n=1}^{\infty} (1-q^n)^{-1}$$

で与えられる．$|l\rangle$ の荷電が l，エネルギーが $l^2/2$ であり，$\mathcal{F}_l$ は $z^l\mathbf{C}[x_1, x_2, x_3, \cdots]$ と同一視できることから $\mathcal{F}$ の指標が問題に与えられたように計算できる．後半は 5.3 と 5.4 の式を等置して z を$-zq^{-1/2}$ とおけばよい．

第6章

6.1 前半は略．後半は例えば

$$g_1 = \begin{pmatrix} a & b & \\ b & a & \\ & & 1 \end{pmatrix}$$

を用いて，(6.2) の $z=0$ の断面がすべて軌道にのること，および x 軸のまわりの回転

$$g_2 = \begin{pmatrix} 1 & & \\ & \cos\theta & -\sin\theta \\ & \sin\theta & \cos\theta \end{pmatrix}$$

が群に入ることからわかる．

第7章

7.1 $A(t) = Xt^m$, $B(t) = Yt^n$ (X, Y は $\mathfrak{sl}_2$ の元) のときに，$\omega(A, B) = m\delta_{m+n,0}\, tr(XY)$ であることを示せばよい．

第8章

8.1 例えば二次元球面の南極に接する平面を考え北極よりの立体射影 (stereographic projection) を考えよ．

8.3 V の m 次元部分空間 W の枠を $M_W = (v_{ij}), 1 \leqq i \leqq m, 1 \leqq j \leqq N$ とする．その 0 でない Plücker 座標のうちのひとつを $v_{\alpha_1,\cdots,\alpha_m}$ とする．V のベクトル $(x_1, \cdots, x_N)$ が W に属するための必要十分条件は M_W にこのベクトルを加えて得られる $(m+1)\times N$ 行列の階数が m となることである．つまり，任意の $(\beta_1, \cdots, \beta_{m+1})$ に対して

$$\sum_{j=0}^{m+1} (-1)^j x_{\beta_j} v_{\beta_1,\cdots,\beta_{j-1},\beta_{j+1},\cdots,\beta_{m+1}} = 0$$

が成り立つことである．これらの $\binom{N}{m+1}$ 個の $N-1$ 次元部分空間は W の Plücker 座標のみから定まっており，かつ W はこれらの部分空間の共通部分に含まれている．上の関係式を x_i に関する連立 1 次方程式とみたときの解空間の次元が m 以下であることが示されれば，W がその Plücker 座標のみから決まることがわかる．$(\beta_1,\cdots,\beta_{m+1})=(\alpha_1,\cdots,\alpha_m,i)$，　$i\neq\beta_j$ の場合に上の方程式を書いてみると

$$\sum_{j=0}^{m}(-1)^j x_{\alpha_j}v_{\alpha_1,\cdots,\alpha_{j-1},\alpha_{j+1},\cdots,\alpha_m,i}+(-1)^{m+1}x_i v_{\alpha_1,\cdots,\alpha_m}=0$$

となる．Plücker 座標の順序を入れ換えて

$$x_i v_{\alpha_1,\cdots,\alpha_m}-\sum_{j=1}^{m}x_{\alpha_j}v_{\alpha_1,\cdots,\alpha_{j-1},i,\alpha_{j+1},\cdots,\alpha_m}=0$$

が得られる．$\{1,\cdots,N\}=\{\alpha_1,\cdots,\alpha_m\}\cup\{\alpha_{m+1},\cdots,\alpha_N\}$ と分け，$i=\alpha_{m+1},\cdots,\alpha_N$ に対して上の方程式を考えれば，この方程式系の係数行列は $(N-m)\times N$ 行列でその階数は $N-m$ であることがわかる．実際，この行列の 第 $\alpha_{m+1},\cdots,\alpha_N$ 列をとった行列式を考えるとその値は $v_{\alpha_1,\cdots,\alpha_m}^{N-m}$ で仮定により 0 ではない．

8.4 例えば

$$\sum c_{\alpha_1,\cdots,\alpha_m}v_{\alpha_1,\cdots,\alpha_m}=0$$

という自明でない線形の関係式があったとしよう．すべての係数 $c_{\alpha_1,\cdots,\alpha_m}$ が 0 であることを言う．$\mathbf{v}_i=(v_{ij})$，　$v_{ij}=\delta_{ij}$，　$i=1,\cdots,m$ なる m 個のベクトルで張られる m 次元部分空間を考えると，この空間の Plücker 座標は $\alpha_1=1,\cdots,\alpha_m=m$ のとき 1 で，それ以外は 0 であるので $c_{1\cdots m}=0$ がわかる．

8.5 行列式

$$\begin{vmatrix}
v_{1\beta_1} & \cdots & v_{1\beta_{m+1}} & 0 & \cdots & 0\\
\cdot & \cdots & \cdot & \cdot & \cdots & \cdot\\
v_{m\beta_1} & \cdots & v_{m\beta_{m+1}} & 0 & \cdots & 0\\
v_{1\beta_1} & \cdots & v_{1\beta_{m+1}} & v_{1\alpha_1} & \cdots & v_{1\alpha_{m-1}}\\
\cdot & \cdots & \cdot & \cdot & \cdots & \cdot\\
v_{m\beta_1} & \cdots & v_{m\beta_{m+1}} & v_{m\alpha_1} & \cdots & v_{m\alpha_{m-1}}
\end{vmatrix}$$

の行に関して前半と後半に分けて Laplace 展開をする．

第 9 章

9.1 $\bigwedge V_N$ を V_N で生成される外積代数とする．線形空間としては 2^{2N} 次元で

ある．これは ψ_i で生成される $\mathcal{A}_N$ の部分代数と同一視される．ψ_i, ψ_i^* に対して，それぞれ次のような $\bigwedge V_N$ 上の線形作用素を対応させる．

$$\psi_i : \psi_{i_1} \wedge \psi_{i_2} \wedge \psi_{i_3} \wedge \cdots \mapsto \psi_i \wedge \psi_{i_1} \wedge \psi_{i_2} \wedge \psi_{i_3} \wedge \cdots$$
$$\psi_i^* : \psi_{i_1} \wedge \psi_{i_2} \wedge \psi_{i_3} \wedge \cdots \mapsto [\psi_i, \psi_{i_1}]_+ \psi_{i_2} \wedge \psi_{i_3} \wedge \cdots$$
$$-[\psi_i, \psi_{i_2}]_+ \psi_{i_1} \wedge \psi_{i_3} \wedge \cdots + \cdots$$

この対応により $\mathcal{A}_N$ は 2^{2N} 次の正方行列のなす代数と同型になる．

中心が定数のみであることは次のようにしても示すことができる．a を $\mathcal{A}_N$ の中心の元とする．$H_0 = \sum_{i>0} \psi_{-i}\psi_i^* - \sum_{i<0} \psi_i^* \psi_{-i}$ と可換であることから a の荷電は 0 である．$a = \sum c(m_1, \cdots, m_r, n_1, \cdots, n_r)\psi_{m_1} \cdots \psi_{m_r}\psi_{n_1}^* \cdots \psi_{n_r}^*$ と表す ($r = 0$ のときにはその項は定数であるとする)．ただし，右辺に現れている $\psi_{m_1} \cdots \psi_{m_r}\psi_{n_1}^* \cdots \psi_{n_r}^*$ の集合は 1 次独立であるとする．$[\psi_{m_1} \cdots \psi_{m_r}\psi_{n_1}^* \cdots \psi_{n_r}^*, \psi_i]$ を考えてみる．これが 0 とならないのはある l に対して $i = -n_l$ となるときだけでそのとき，上の交換子は

$$(-1)^{r-l}\psi_{m_1} \cdots \psi_{m_r}\psi_{n_1}^* \cdots \psi_{n_{l-1}}^* \psi_{n_{l+1}}^* \cdots \psi_{n_r}^*$$

となる．これらの項は 1 次独立であるのでその係数は 0 でなければならない．あと，ψ_i^* との交換子も考えれば結論が従う．

9.2 $\dim V(|u\rangle) = N + r$ であるとする．適当な $g \in \mathbf{G}_N$ により

$$T_g(V(|u\rangle)) = \oplus_{i>-r} \mathbf{C}\psi_i$$
$$= V(\psi_{-r+1/2} \cdots \psi_{-1/2}|\mathrm{vac}\rangle)$$

とできる．(9.5) およびその後の注意より

$$V(|u\rangle) = V(g\psi_{-r+1/2} \cdots \psi_{-1/2}|\mathrm{vac}\rangle)$$

が得られるが g は荷電を保つのでこれは $|u\rangle$ の荷電が 0 であることに矛盾する．

9.4 (1) $-x_4 - x_2^2/2 + x_2x_1^2/2 + x_1^4/8$

(2) $x_5x_1 - x_3^2 - x_3x_1^3/3 + x_1^5/45$

(3) $x_6x_1 - x_4x_3 + x_4x_2x_1 - x_4x_1^3/6 - x_3^2x_1/2 - x_3x_2^2/2 - x_3x_2x_1^2/2 - x_3x_1^4/24 + x_2^3x_1/6 - x_2^2x_1^3/12 + x_2x_1^5/24 + x_1^7/144$

第 10 章

10.3

$$(\chi_{(3)}, \chi_{(2,1)}, \chi_{(1^3)}) = (x_3, x_2x_1, x_1^3/6)A,$$

$$A = \begin{pmatrix} 1 & -1 & 1 \\ 1 & 0 & -1 \\ 1 & 2 & -1 \end{pmatrix}.$$

${}^tA^{-1}$ で $(\partial_3, \partial_2\partial_1, \partial_1^3)$ を変換すれば $(\chi_{(3)}(\partial_{\mathbf{x}}), \chi_{(2,1)}(\partial_{\mathbf{x}}), \chi_{(1^3)}(\partial_{\mathbf{x}}))$ が得られる.

10.4 荷電 -1 の空の Young 図形と 荷電 1 の $(1,1,1,1)$ という Young 図形の組から定まる Plücker 関係式と荷電 -1 の空の Young 図形と 荷電 1 の $(2,1,1)$ という Young 図形の組から定まる Plücker 関係式の和 (または差).

欧文索引

和文索引

ア行

カ行

サ行

タ行

ハ行

マ行

ワ行

■岩波オンデマンドブックス■

ソリトンの数理

2007年2月20日　第1刷発行
2016年2月10日　オンデマンド版発行

著　者　三輪哲二（みわてつじ）　神保道夫（じんぼうみちお）　伊達悦朗（だてえつろう）

発行者　岡本　厚

発行所　株式会社　岩波書店
〒101-8002 東京都千代田区一ツ橋2-5-5
電話案内 03-5210-4000
http://www.iwanami.co.jp/

印刷／製本・法令印刷

ISBN 978-4-00-730369-2　　Printed in Japan